KB275420

#상위권문제유형의기준
#상위권진입교재
#응용유형연습
#사고력향상

최고수준S

Chunjae
Makes
Chunjae

▼

[최고수준S] 초등 수학

기획총괄	박금옥
편집개발	지유경, 정소현, 조선영, 최윤석, 김장미, 유혜지, 남솔, 정하영
디자인총괄	김희정
표지디자인	윤순미, 이주영, 김주은
내지디자인	박희춘
제작	황성진, 조규영

발행일	2024년 4월 15일 2판 2024년 4월 15일 1쇄
발행인	(주)천재교육
주소	서울시 금천구 가산로9길 54
신고번호	제2001-000018호
고객센터	1577-0902

※ 이 책은 저작권법에 보호받는 저작물이므로 무단복제, 전송은 법으로 금지되어 있습니다.

※ 정답 분실 시에는 천재교육 교재 홈페이지에서 내려받으세요.

※ KC 마크는 이 제품이 공통안전기준에 적합하였음을 의미합니다.

※ 주의
책 모서리에 다칠 수 있으니 주의하시기 바랍니다.
부주의로 인한 사고의 경우 책임지지 않습니다.
8세 미만의 어린이는 부모님의 관리가 필요합니다.

상위권 진입비결
최고수준
S

1·2

구성과 특징 🔍

본책

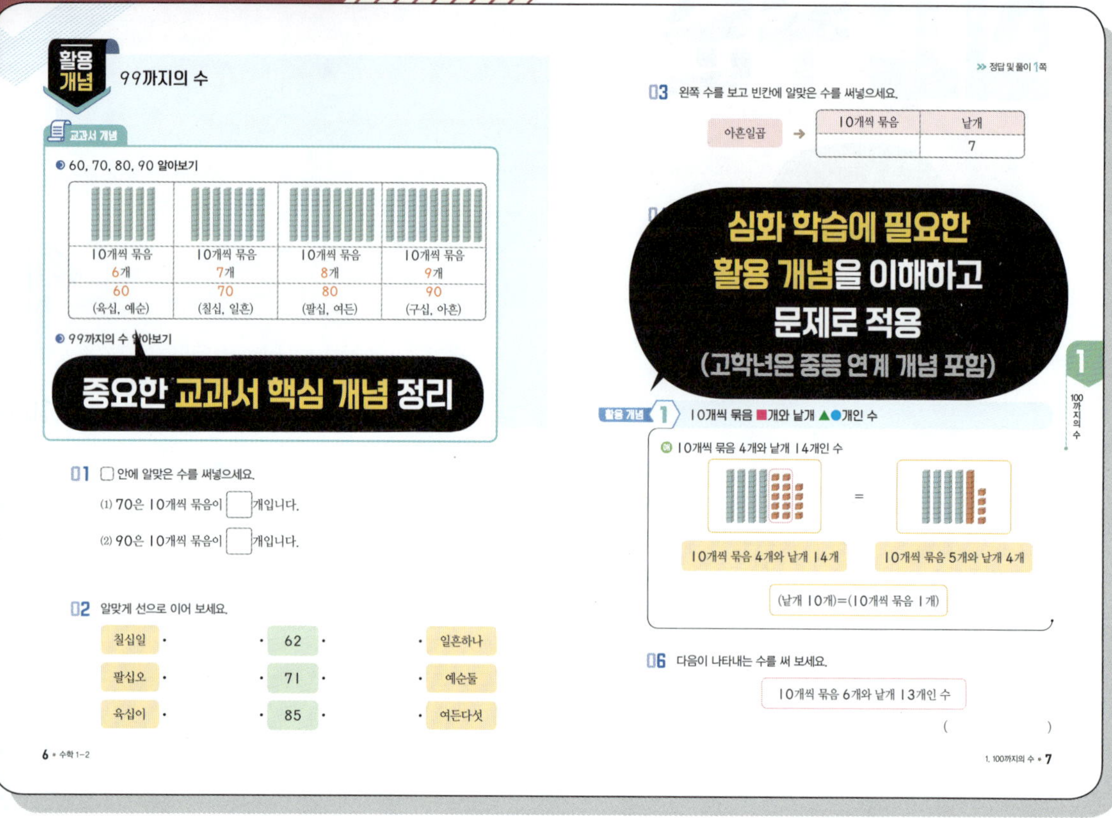

활용 개념   99까지의 수
교과서 개념
60, 70, 80, 90 알아보기
10개씩 묶음 6개 / 60 (육십, 예순)
10개씩 묶음 7개 / 70 (칠십, 일흔)
10개씩 묶음 8개 / 80 (팔십, 여든)
10개씩 묶음 9개 / 90 (구십, 아흔)
99까지의 수 알아보기
중요한 교과서 핵심 개념 정리
01 ☐ 안에 알맞은 수를 써넣으세요.
(1) 70은 10개씩 묶음이 ☐ 개입니다.
(2) 90은 10개씩 묶음이 ☐ 개입니다.
02 알맞게 선으로 이어 보세요.
칠십일 · · 62 · · 일흔하나
팔십오 · · 71 · · 예순둘
육십이 · · 85 · · 여든다섯
6 · 수학 1-2
03 왼쪽 수를 보고 빈칸에 알맞은 수를 써넣으세요.
정답 및 풀이 1쪽
아흔일곱 → 10개씩 묶음 / 낱개 7
심화 학습에 필요한 활용 개념을 이해하고 문제로 적용
(고학년은 중등 연계 개념 포함)
활용 개념 1 10개씩 묶음 ■개와 낱개 ▲●개인 수
10개씩 묶음 4개와 낱개 14개인 수
10개씩 묶음 4개와 낱개 14개 = 10개씩 묶음 5개와 낱개 4개
(낱개 10개)=(10개씩 묶음 1개)
06 다음이 나타내는 수를 써 보세요.
10개씩 묶음 6개와 낱개 13개인 수
(   )
1. 100까지의 수 · 7

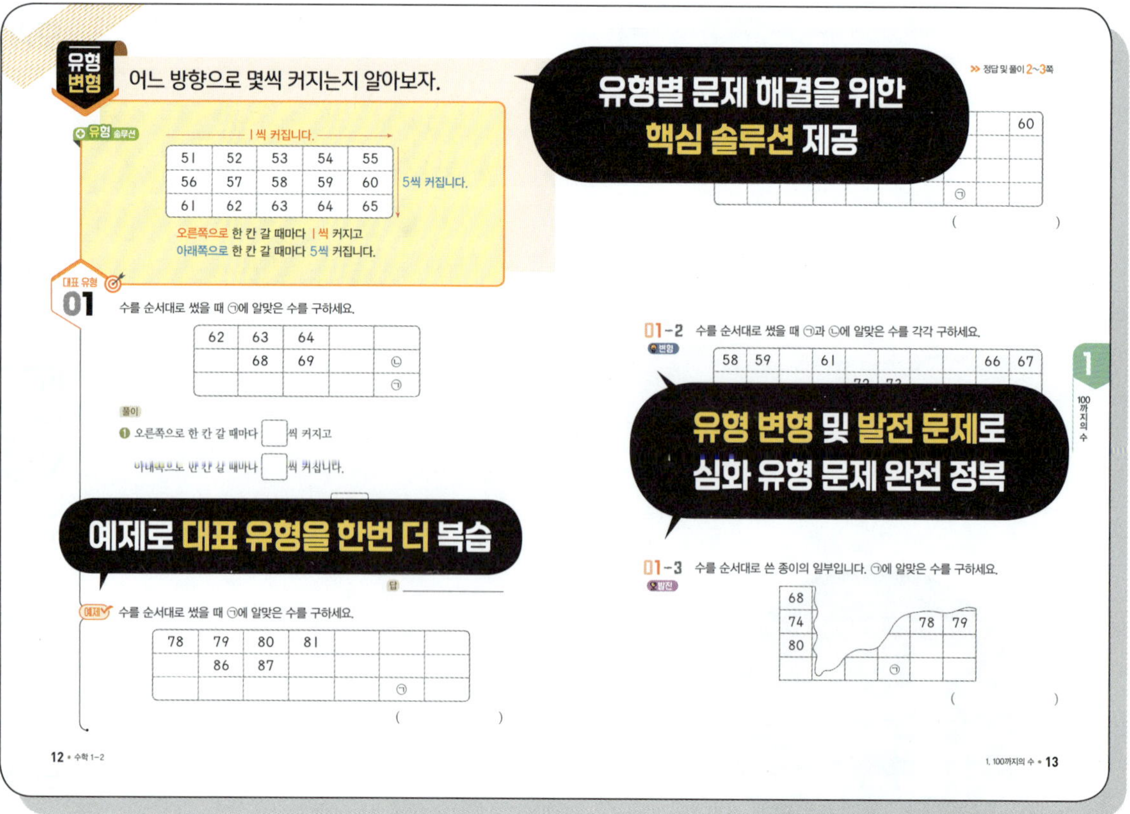

유형 변형   어느 방향으로 몇씩 커지는지 알아보자.
정답 및 풀이 2~3쪽
유형 솔루션
1씩 커집니다.
51 52 53 54 55
56 57 58 59 60   5씩 커집니다.
61 62 63 64 65
오른쪽으로 한 칸 갈 때마다 1씩 커지고
아래쪽으로 한 칸 갈 때마다 5씩 커집니다.
대표 유형 01
수를 순서대로 썼을 때 ⊙에 알맞은 수를 구하세요.
62 63 64
   68 69   ⓒ
             ⊙
풀이
❶ 오른쪽으로 한 칸 갈 때마다 ☐ 씩 커지고
아래쪽으로 한 칸 갈 때마다 ☐ 씩 커집니다.
유형별 문제 해결을 위한 핵심 솔루션 제공
60
⊙
예제로 대표 유형을 한번 더 복습
예제 수를 순서대로 썼을 때 ⊙에 알맞은 수를 구하세요.
78 79 80 81
   86 87
             ⊙
(   )
12 · 수학 1-2
01-2 수를 순서대로 썼을 때 ⊙과 ⓒ에 알맞은 수를 각각 구하세요.
변형
58 59   61   66 67
      72 73
유형 변형 및 발전 문제로 심화 유형 문제 완전 정복
01-3 수를 순서대로 쓴 종이의 일부입니다. ⊙에 알맞은 수를 구하세요.
발전
68
74   78 79
80
   ⊙
(   )
1. 100까지의 수 · 13

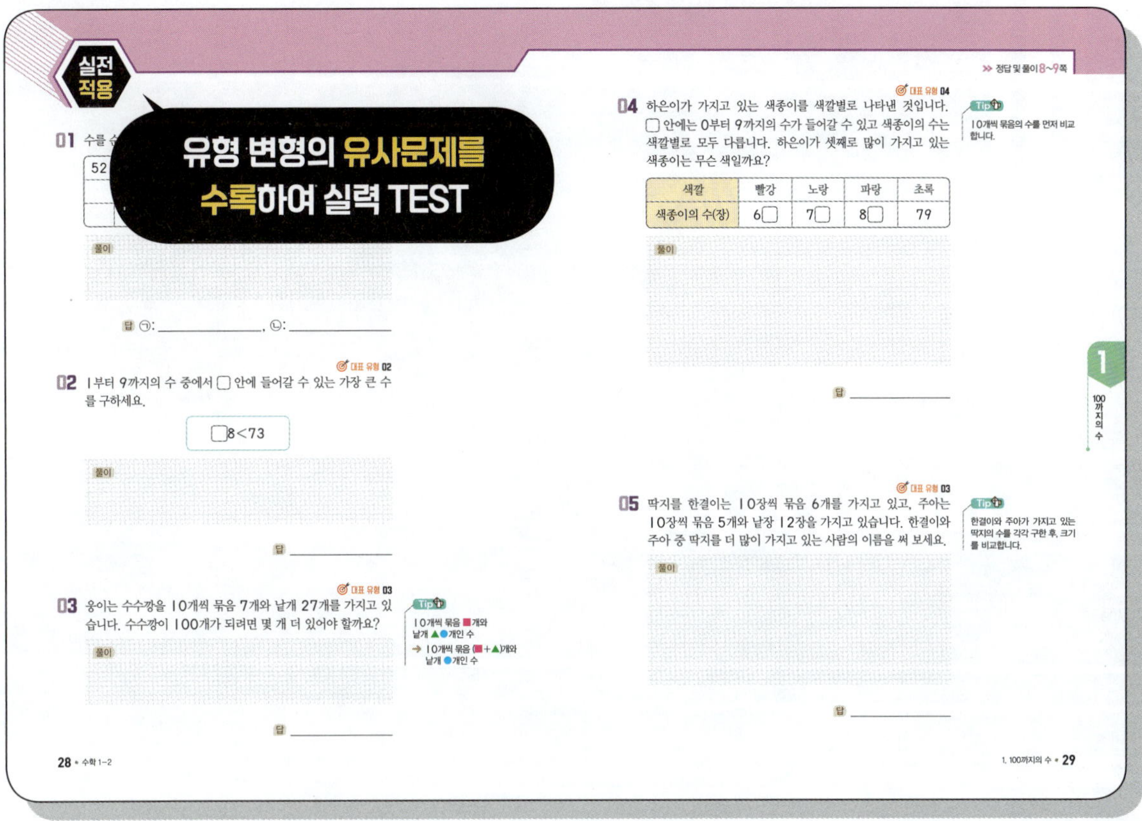
유형 변형의 유사문제를 수록하여 실력 TEST

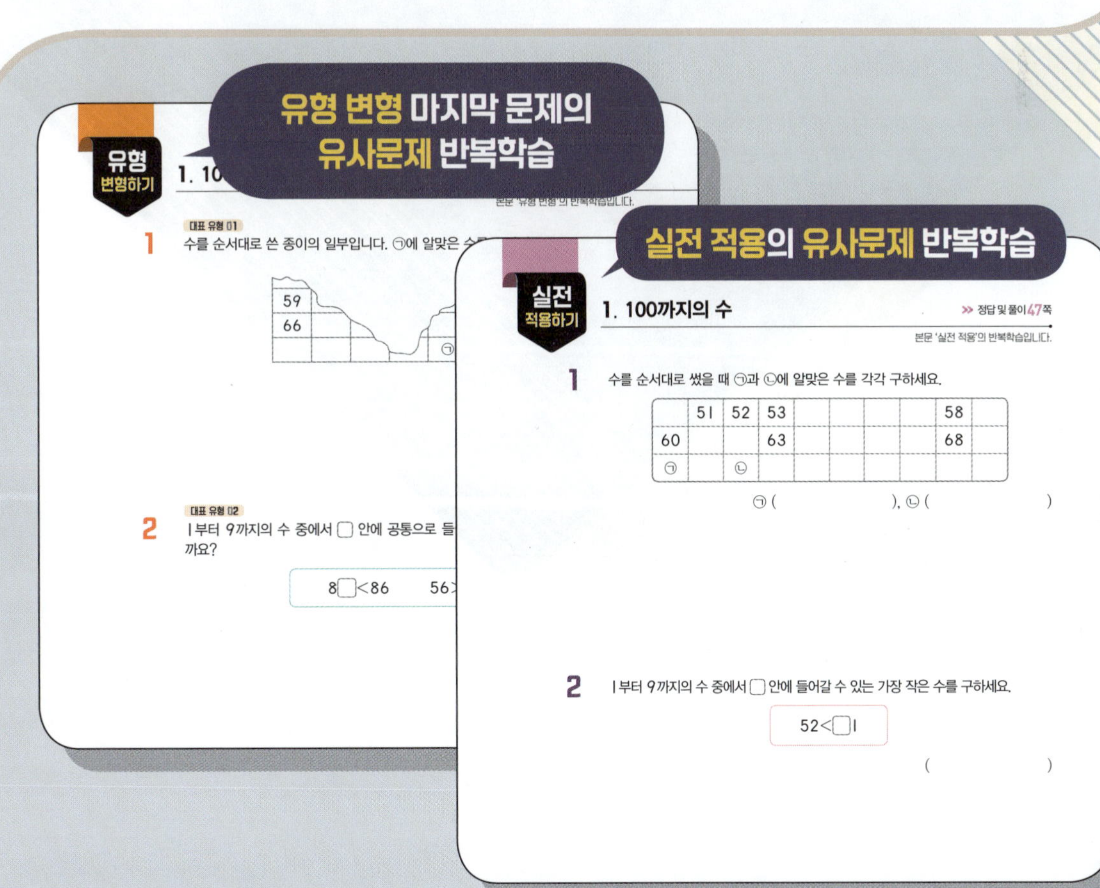
유형 변형 마지막 문제의 유사문제 반복학습
실전 적용의 유사문제 반복학습
복습책

1

100까지의 수

99까지의 수

교과서 개념

● 60, 70, 80, 90 알아보기

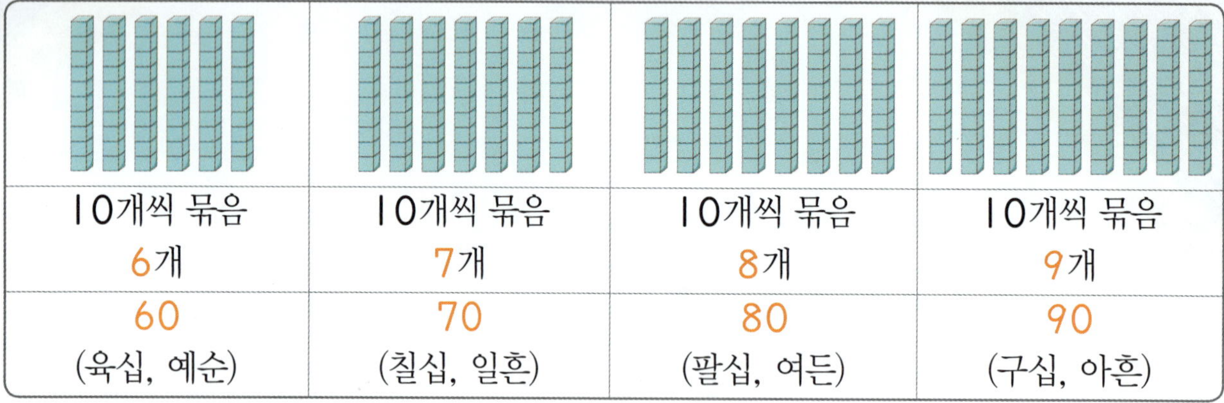

10개씩 묶음 6개	10개씩 묶음 7개	10개씩 묶음 8개	10개씩 묶음 9개
60	70	80	90
(육십, 예순)	(칠십, 일흔)	(팔십, 여든)	(구십, 아흔)

● 99까지의 수 알아보기

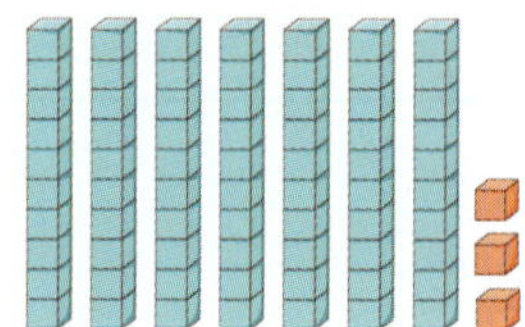

10개씩 묶음	낱개
7	3

[쓰기] **73**   [읽기] **칠십삼, 일흔셋**

---

01 ☐ 안에 알맞은 수를 써넣으세요.

(1) 70은 10개씩 묶음이 ☐ 개입니다.

(2) 90은 10개씩 묶음이 ☐ 개입니다.

02 알맞게 선으로 이어 보세요.

칠십일 ·	· 62 ·	· 일흔하나
팔십오 ·	· 71 ·	· 예순둘
육십이 ·	· 85 ·	· 여든다섯

03 왼쪽 수를 보고 빈칸에 알맞은 수를 써넣으세요.

아흔일곱 →

10개씩 묶음	낱개
	7

04 연필 80자루를 10자루씩 묶었습니다. 모두 몇 묶음이 될까요?

( )

05 사탕 65개를 한 명에게 10개씩 나누어 주려고 합니다. 몇 명까지 나누어 줄 수 있고, 사탕은 몇 개가 남을까요?

( ), ( )

활용 개념 1 | 10개씩 묶음 ■개와 낱개 ▲●개인 수

예 10개씩 묶음 4개와 낱개 14개인 수

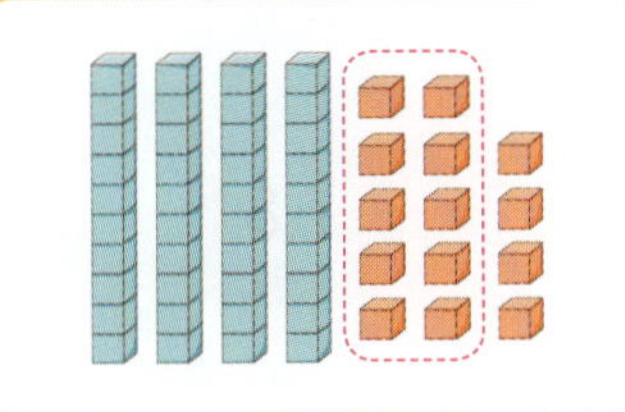
=
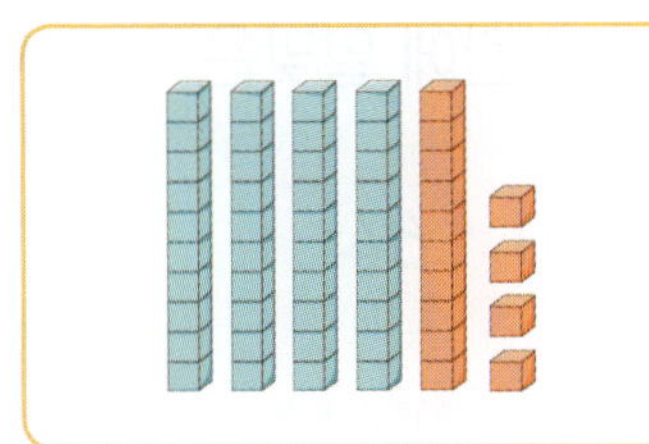

10개씩 묶음 4개와 낱개 14개

10개씩 묶음 5개와 낱개 4개

(낱개 10개)=(10개씩 묶음 1개)

---

06 다음이 나타내는 수를 써 보세요.

10개씩 묶음 6개와 낱개 13개인 수

( )

수의 순서

교과서 개념

● l만큼 더 큰 수와 l만큼 더 작은 수

l만큼 더 작은 수		l만큼 더 큰 수
69	← 바로 앞의 수 70 바로 뒤의 수 →	71

- 70보다 l만큼 더 작은 수: 69
- 70보다 l만큼 더 큰 수: 71

● l00까지의 수의 순서

51	52	53	54	55	56	57	58	59	60
61	62	63	64	65	66	67	68	69	70
71	72	73	74	75	76	77	78	79	80
81	82	83	84	85	86	87	88	89	90
91	92	93	94	95	96	97	98	99	100

99보다 l만큼 더 큰 수 → **l00(백)**

01 빈칸에 알맞은 수를 써넣으세요.

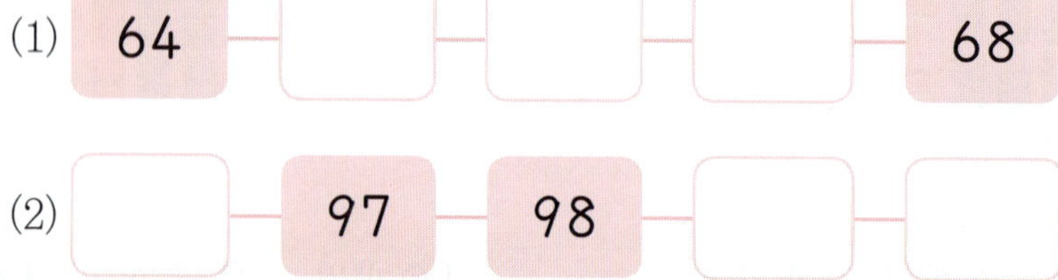

(1) 64 — ☐ — ☐ — ☐ — 68

(2) ☐ — 97 — 98 — ☐ — ☐

02 빈칸에 알맞은 수를 써넣으세요.

l만큼 더 작은 수		l만큼 더 큰 수
☐	← 89 →	☐

>> 정답 및 풀이 **1**쪽

03 100을 나타내는 수가 <u>아닌</u> 것을 찾아 기호를 써 보세요.

> ㉠ 98보다 2만큼 더 큰 수
> ㉡ 90보다 10만큼 더 큰 수
> ㉢ 99보다 1만큼 더 작은 수

( )

04 종이학을 지후는 63개 접었고, 연우는 지후보다 1개 더 많이 접었습니다. 연우가 접은 종이학은 몇 개일까요?

( )

1

100까지의 수

활용 개념 1 두 수 사이에 있는 수 구하기

> ■와 ▲ 사이에 있는 수에는 ■와 ▲가 포함되지 않습니다.

예 52와 56 사이에 있는 수
→ 52−53−54−55−56
→ 53, 54, 55

05 77과 82 사이에 있는 수를 모두 써 보세요.

( )

06 59와 63 사이에 있는 수는 모두 몇 개일까요?

( )

두 수의 크기 비교, 짝수와 홀수

교과서 개념

● **두 수의 크기 비교**
- 10개씩 묶음의 수가 다른 경우

  58 < 62
  └5<6┘

  10개씩 묶음의 수가 클수록 큰 수입니다.

- 10개씩 묶음의 수가 같은 경우

  75 > 73
  └5>3┘

  낱개의 수가 클수록 큰 수입니다.

● **짝수와 홀수**
- **짝수**: 2, 4, 6, 8, 10과 같이 둘씩 짝을 지을 때 남는 것이 없는 수
- **홀수**: 1, 3, 5, 7, 9와 같이 둘씩 짝을 지을 때 하나가 남는 수

01 ◯ 안에 >, <를 알맞게 써넣으세요.

(1) 84 ◯ 91

(2) 66 ◯ 67

02 홀수를 모두 찾아 써 보세요.

7	12	15	20	42

(   )

03 큰 수부터 순서대로 써 보세요.

74	76	58

(   )

04 짝수와 홀수를 구분하여 ☐ 안에 알맞은 수를 써넣으세요.

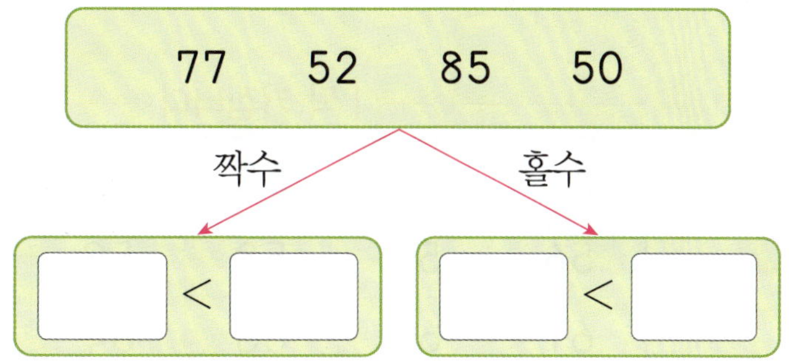

05 자두를 윤아는 63개, 준기는 70개, 서준이는 65개 땄습니다. 자두를 많이 딴 순서대로 이름을 써 보세요.

(   )

활용 개념 **1** 수 카드로 가장 큰(작은) 몇십몇 만들기

- 가장 큰 몇십몇: **가장 큰 수부터** 10개씩 묶음의 자리, 낱개의 자리에 순서대로 놓습니다.

  7 > 6 > 5 → 76

- 가장 작은 몇십몇: **가장 작은 수부터** 10개씩 묶음의 자리, 낱개의 자리에 순서대로 놓습니다.

  5 < 6 < 7 → 56

06 3장의 수 카드 중에서 2장을 뽑아 한 번씩만 사용하여 몇십몇을 만들려고 합니다. 만들 수 있는 수 중에서 가장 큰 수와 가장 작은 수를 각각 구하세요.

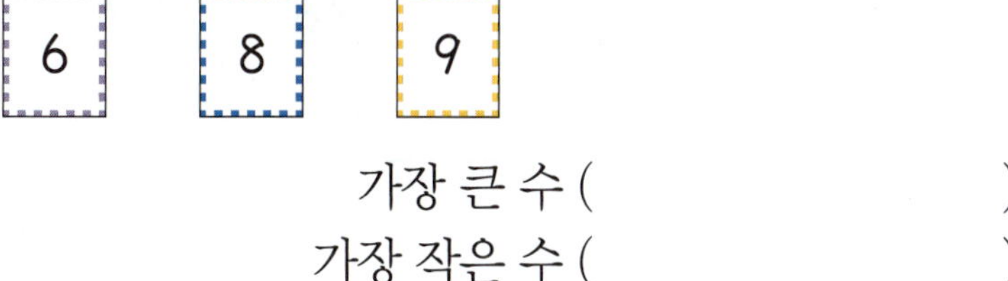

가장 큰 수 (   )
가장 작은 수 (   )

어느 방향으로 몇씩 커지는지 알아보자.

+ 유형 솔루션

← | 씩 커집니다. →

51	52	53	54	55
56	57	58	59	60
61	62	63	64	65

5씩 커집니다.

오른쪽으로 한 칸 갈 때마다 **| 씩** 커지고
아래쪽으로 한 칸 갈 때마다 **5씩** 커집니다.

대표 유형 01

수를 순서대로 썼을 때 ㉠에 알맞은 수를 구하세요.

62	63	64		
	68	69		㉡
				㉠

풀이

❶ 오른쪽으로 한 칸 갈 때마다 ☐ 씩 커지고

  아래쪽으로 한 칸 갈 때마다 ☐ 씩 커집니다.

❷ ㉡에 알맞은 수: 69보다 2만큼 더 큰 수인 ☐ 입니다.

❸ ㉠에 알맞은 수: ㉡보다 5만큼 더 큰 수인 ☐ 입니다.

답 ____________

예제 ✓ 수를 순서대로 썼을 때 ㉠에 알맞은 수를 구하세요.

78	79	80	81		
	86	87			
					㉠

( )

01-1 수를 순서대로 썼을 때 ㉠에 알맞은 수를 구하세요.

변형

51	52	53	54						60
	62			65	66				
71	72								
								㉠	

(   )

01-2 수를 순서대로 썼을 때 ㉠과 ㉡에 알맞은 수를 각각 구하세요.

변형

58	59		61					66	67
				72	73				
							㉠		
								㉡	

㉠ (   ), ㉡ (   )

01-3 수를 순서대로 쓴 종이의 일부입니다. ㉠에 알맞은 수를 구하세요.

발전

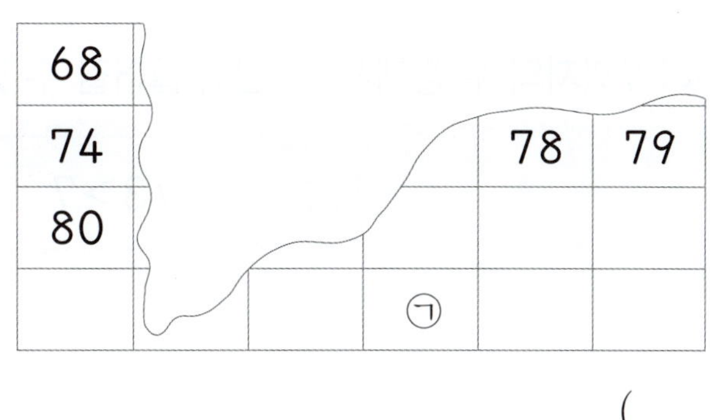

(   )

10개씩 묶음의 수부터 비교하자.

유형 솔루션

• 0부터 9까지의 수 중에서 ☐ 안에 들어갈 수 있는 수 구하기

$$56 < 5\boxed{}$$

10개씩 묶음의 수 비교	낱개의 수 비교	☐ 안에 들어갈 수 있는 수
5로 같으므로	☐는 6보다 커야 합니다.	7, 8, 9

대표 유형 02

0부터 9까지의 수 중에서 ■에 들어갈 수 있는 수를 모두 구하세요.

$$65 < 6\blacksquare$$

풀이

❶ 10개씩 묶음의 수가 6으로 같으므로 낱개의 수를 비교하면 ■는 ☐ 보다 커야 합니다.

❷ ■에 들어갈 수 있는 수: 6, ☐ , ☐ , ☐

답 _______________

예제 0부터 9까지의 수 중에서 ☐ 안에 들어갈 수 있는 수를 모두 구하세요.

$$73 > 7\boxed{}$$

( )

02-1 변형

I부터 9까지의 수 중에서 ☐ 안에 들어갈 수 있는 수를 모두 구하세요.

$$\boxed{\ \square 2>57\ }$$

(   )

02-2 변형

I부터 9까지의 수 중에서 ☐ 안에 들어갈 수 있는 가장 큰 수를 구하세요.

$$\boxed{\ \square 6<81\ }$$

(   )

02-3 발전

I부터 9까지의 수 중에서 ☐ 안에 공통으로 들어갈 수 있는 수를 모두 구하세요.

$$\boxed{\ 96<9\square \qquad \square 5>76\ }$$

(   )

낱개 10개는 10개씩 묶음 1개와 같다.

10개씩 묶음의 수	낱개의 수
4	0
1	2
5	2

10개씩 묶음 4개 →

낱개 12개 →

10개씩 묶음 ■개와 낱개 ▲●개인 수
→ 10개씩 묶음 (■+▲)개와 낱개 ●개인 수

대표 유형 03

구슬을 선호는 10개씩 묶음 5개와 낱개 13개를 가지고 있고, 지아는 61개 가지고 있습니다. 선호와 지아 중 구슬을 더 많이 가지고 있는 사람의 이름을 써 보세요.

풀이

❶ 선호가 가지고 있는 구슬 수:

10개씩 묶음 5개와 낱개 13개는

10개씩 묶음 5+1=☐(개), 낱개 3개와 같으므로 ☐개입니다.

❷ ☐ ◯ ☐ 이므로
(선호)　　(지아)

구슬을 더 많이 가지고 있는 사람은 ☐입니다.

답 ____________

예제 색종이를 승우는 10장씩 묶음 7개와 낱장 16장을 가지고 있고, 세희는 88장 가지고 있습니다. 승우와 세희 중 색종이를 더 많이 가지고 있는 사람의 이름을 써 보세요.

(　　　　　)

03-1
변형
밤을 현우는 10개씩 묶음 4개와 낱개 25개를 주웠고, 가은이는 63개 주웠습니다. 현우와 가은이 중 밤을 더 적게 주운 사람의 이름을 써 보세요.

( )

03-2
변형
종이학을 주호는 10개씩 묶음 9개를 접었고, 서윤이는 10개씩 묶음 7개와 낱개 17개를 접었습니다. 주호와 서윤이 중 종이학을 더 많이 접은 사람의 이름을 써 보세요.

( )

03-3
발전
연우, 수아, 슬기는 다음과 같이 칭찬 붙임 딱지를 모았습니다. 칭찬 붙임 딱지를 많이 모은 순서대로 이름을 써 보세요.

> • 연우: 10장씩 묶음 7개와 낱장 6장을 모았어.
> • 수아: 10장씩 묶음 6개와 낱장 21장을 모았어.
> • 슬기: 난 연우보다 1장 더 많이 모았어.

( )

10개씩 묶음의 수가 클수록 큰 수이다.

유형 솔루션

$$8\bullet \qquad 90 \qquad 6\blacktriangle \qquad 75$$

↓ 10개씩 묶음의 수가 클수록 큰 수

$$90 > 8\bullet > 75 > 6\blacktriangle$$

대표 유형
04

지수와 친구들이 가지고 있는 공깃돌의 수를 나타낸 것입니다. ■에는 0부터 9까지의 수가 들어갈 수 있을 때, 공깃돌을 많이 가지고 있는 순서대로 이름을 써 보세요.

이름	지수	석진	예은	승민
공깃돌의 수(개)	59	6■	81	7■

풀이

❶ 10개씩 묶음의 수가 클수록 큰 수이므로 10개씩 묶음의 수를 비교합니다.

→ 8>7> ☐ > ☐

❷ 공깃돌을 많이 가지고 있는 순서대로 이름을 써 보면

예은, ☐ , ☐ , ☐ 입니다.

답 _______________

예제 승규와 친구들이 가지고 있는 붙임 딱지의 수를 나타낸 것입니다. ☐ 안에는 0부터 9까지의 수가 들어갈 수 있을 때, 붙임 딱지를 많이 가지고 있는 순서대로 이름을 써 보세요.

이름	승규	영서	선아	재민
붙임 딱지의 수(장)	5☐	92	7☐	68

( )

04-1 변형

주미와 친구들이 가지고 있는 색종이의 수를 나타낸 것입니다. 색종이를 승아가 둘째로 많이 가지고 있을 때, ☐ 안에 알맞은 수를 구하세요.

(단, 학생들이 가지고 있는 색종이의 수는 모두 다릅니다.)

이름	주미	동현	서우	승아
색종이의 수(장)	64	59	62	6☐

(   )

04-2 변형

규현이와 친구들이 모은 100원짜리 동전의 수를 나타낸 것입니다. 100원짜리 동전을 다인이가 둘째로 적게 모았을 때, ☐ 안에 알맞은 수를 구하세요.

(단, 학생들이 모은 100원짜리 동전의 수는 모두 다릅니다.)

이름	규현	주희	다인	라율
100원짜리 동전의 수(개)	76	83	7☐	78

(   )

04-3 발전

유민이와 친구들이 가지고 있는 연필의 수를 나타낸 것입니다. 연필을 규인이가 셋째로 많이 가지고 있을 때, ☐ 안에 들어갈 수 있는 수를 모두 구하세요.

(단, 학생들이 가지고 있는 연필의 수는 모두 다릅니다.)

이름	유민	재현	규인	선호
연필의 수(자루)	60	53	5☐	56

(   )

10개씩 묶음의 수가 될 수 있는 수를 먼저 알아보자.

유형 솔루션

· 3 , 5 , 6 으로 53보다 큰 몇십몇 만들기

① 53보다 큰 수를 만들 때 10개씩 묶음의 수가 될 수 있는 수: 5, 6
② 만들 수 있는 몇십몇 중에서 53보다 큰 수: 56, 63, 65

대표 유형 05

4장의 수 카드 중에서 2장을 뽑아 한 번씩만 사용하여 몇십몇을 만들려고 합니다.
만들 수 있는 수 중에서 65보다 큰 수는 모두 몇 개일까요?

2 5 6 8

풀이

❶ 65보다 큰 수를 만들 때 10개씩 묶음의 수가 될 수 있는 수: 6, ☐

❷ 만들 수 있는 몇십몇 중에서 65보다 큰 수:

68, ☐ , ☐ , ☐ → ☐ 개

답 ________________

예제 4장의 수 카드 중에서 2장을 뽑아 한 번씩만 사용하여 몇십몇을 만들려고 합니다.
만들 수 있는 수 중에서 71보다 큰 수는 모두 몇 개일까요?

1 4 7 9

(   )

05-1 변형 4장의 수 카드 중에서 2장을 뽑아 한 번씩만 사용하여 몇십몇을 만들려고 합니다. 만들 수 있는 수 중에서 68보다 작은 수는 모두 몇 개일까요?

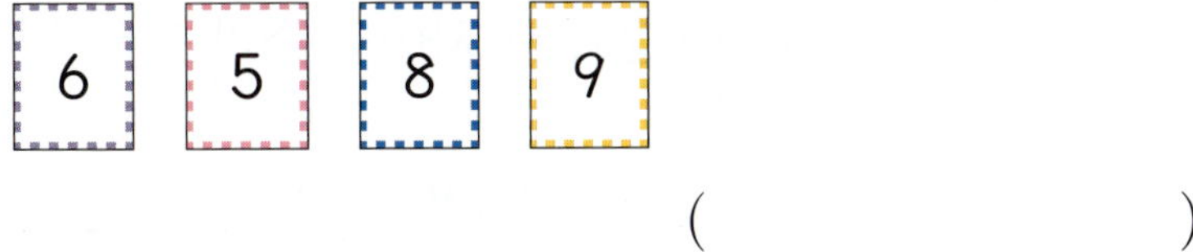

(   )

05-2 발전 5장의 수 카드 중에서 2장을 뽑아 한 번씩만 사용하여 몇십몇을 만들려고 합니다. 만들 수 있는 수 중에서 73보다 크고 83보다 작은 수를 모두 써 보세요.

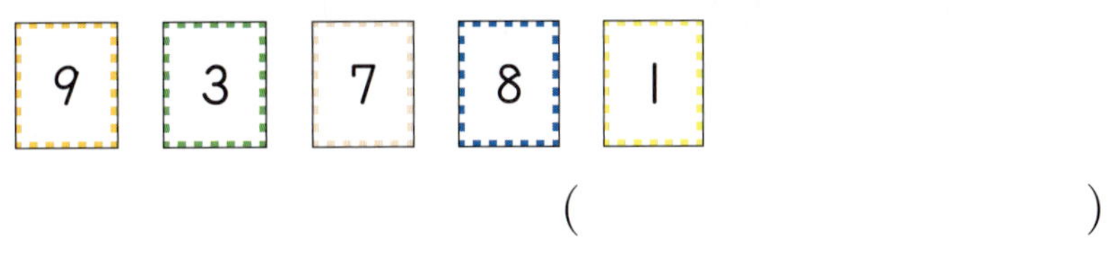

(   )

05-3 발전 5장의 수 카드 중에서 2장을 뽑아 한 번씩만 사용하여 몇십몇을 만들려고 합니다. 만들 수 있는 수 중에서 62보다 크고 96보다 작은 수는 모두 몇 개일까요?

(   )

수를 순서대로 쓰고 수의 개수로 ㉠을 구하자.

＋유형 솔루션

· 62와 ㉠ 사이의 수가 모두 **3개**일 때, ㉠에 알맞은 수 구하기

(단, 62＜㉠입니다.)

62부터 1씩 커지는 수를 순서대로 써 보면

62, 63, 64, 65, 66, ...

3개 ㉠

➡ ㉠＝66

대표 유형

06

71과 ㉠ 사이의 수가 모두 3개일 때, ㉠에 알맞은 수를 구하세요.

(단, 71＜㉠입니다.)

풀이

❶ 71부터 1씩 커지는 수를 순서대로 써 보면

71, ☐, ☐, ☐, ☐, ...

3개

❷ ㉠에 알맞은 수: ☐

답 _______________

예제 88과 ㉠ 사이의 수가 모두 4개일 때, ㉠에 알맞은 수를 구하세요.

(단, 88＜㉠입니다.)

( )

06-1 변형

㉠과 60 사이의 수가 모두 4개일 때, ㉠에 알맞은 수를 구하세요.

(단, ㉠<60입니다.)

( )

06-2 변형

㉠과 92 사이의 수가 모두 5개일 때, ㉠에 알맞은 수를 구하세요.

(단, ㉠<92입니다.)

㉠ 92

( )

06-3 발전

다음 두 수 사이의 수가 모두 2개일 때, ㉠에 들어갈 수 있는 수를 모두 구하세요.

55 ㉠

( )

06-4 발전

㉠에 들어갈 수 있는 수 중 가장 큰 수를 구하세요. (단, 76<㉠입니다.)

76과 ㉠ 사이의 짝수는 모두 3개입니다.

( )

커지는 만큼 다시 작아지면 처음 수가 된다.

유형 솔루션

|만큼 더 큰 수

| 어떤 수 | | 60 |

|만큼 더 작은 수

어떤 수보다 **|만큼 더 큰 수**가 60이면
어떤 수는 60보다 **|만큼 더 작은 수**인 59입니다.
→ 어떤 수: 59

대표 유형
07

어떤 수보다 |만큼 더 큰 수는 56입니다. 어떤 수보다 |만큼 더 작은 수는 얼마일
까요?

풀이

❶

| 어떤 수 | |만큼 더 큰 수 | 56 |

  |만큼 더 작은 수

→ 어떤 수: 56보다 |만큼 더 작은 수인 ☐ 입니다.

❷ 어떤 수보다 |만큼 더 작은 수: ☐

답 ______________

예제 어떤 수보다 |만큼 더 큰 수는 70입니다. 어떤 수보다 |만큼 더 작은 수는 얼마일
까요?

(   )

07-1 변형 어떤 수보다 1만큼 더 작은 수는 63입니다. 어떤 수보다 2만큼 더 큰 수는 얼마일까요?

( )

07-2 변형 어떤 수보다 5만큼 더 큰 수는 75입니다. 어떤 수보다 5만큼 더 작은 수는 얼마일까요?

( )

07-3 변형 어떤 수보다 10만큼 더 작은 수는 80입니다. 어떤 수보다 1만큼 더 큰 수는 얼마일까요?

( )

07-4 발전 어떤 수보다 10만큼 더 큰 수를 구하려고 하는데 잘못하여 어떤 수보다 10만큼 더 작은 수를 구했더니 52였습니다. 바르게 구한 값은 얼마일까요?

( )

조건을 만족하는 수를 차례대로 찾자.

➕ **유형** 솔루션

> **조건1** 54보다 크고 60보다 작은 수
> **조건2** 홀수

조건1 을 만족하는 수: 55, 56, 57, 58, 59

↓

조건2 를 만족하는 수: 55, 57, 59

대표 유형
08

조건 을 만족하는 수를 모두 구하세요.

> **조건**
> · 65보다 크고 73보다 작습니다.
> · 홀수입니다.

풀이

❶ 65보다 크고 73보다 작은 수:

66, 67, 68, 69, ☐, ☐, ☐

❷ ❶에서 구한 수 중 홀수:

67, ☐, ☐

답 ________________

예제 ✔ **조건** 을 만족하는 수를 모두 구하세요.

> **조건**
> · 77보다 크고 85보다 작습니다.
> · 짝수입니다.

( )

08-1 변형

조건을 만족하는 수를 구하세요.

> **조건**
> - 69보다 크고 79보다 작습니다.
> - 10개씩 묶음의 수와 낱개의 수가 같습니다.

(   )

08-2 변형

조건을 만족하는 수는 모두 몇 개일까요?

> **조건**
> - 56보다 크고 63보다 작습니다.
> - 10개씩 묶음의 수가 낱개의 수보다 큽니다.

(   )

08-3 발전

조건을 만족하는 수를 모두 구하세요.

> **조건**
> - 64보다 크고 80보다 작은 짝수입니다.
> - 10개씩 묶음의 수가 낱개의 수보다 작습니다.

(   )

01 수를 순서대로 썼을 때 ㉠과 ㉡에 알맞은 수를 각각 구하세요.

52	53	54					60	61
	63			66				
				㉠			㉡	

풀이

답 ㉠: ___________ , ㉡: ___________

02 1부터 9까지의 수 중에서 ☐ 안에 들어갈 수 있는 가장 큰 수를 구하세요.

$$\boxed{}8 < 73$$

풀이

답 ___________

03 웅이는 수수깡을 10개씩 묶음 7개와 낱개 27개를 가지고 있습니다. 수수깡이 100개가 되려면 몇 개 더 있어야 할까요?

풀이

답 ___________

04 하은이가 가지고 있는 색종이를 색깔별로 나타낸 것입니다. ⬜ 안에는 **0**부터 **9**까지의 수가 들어갈 수 있고 색종이의 수는 색깔별로 모두 다릅니다. 하은이가 셋째로 많이 가지고 있는 색종이는 무슨 색일까요?

🎯 대표 유형 **04**

Tip
1 0개씩 묶음의 수를 먼저 비교합니다.

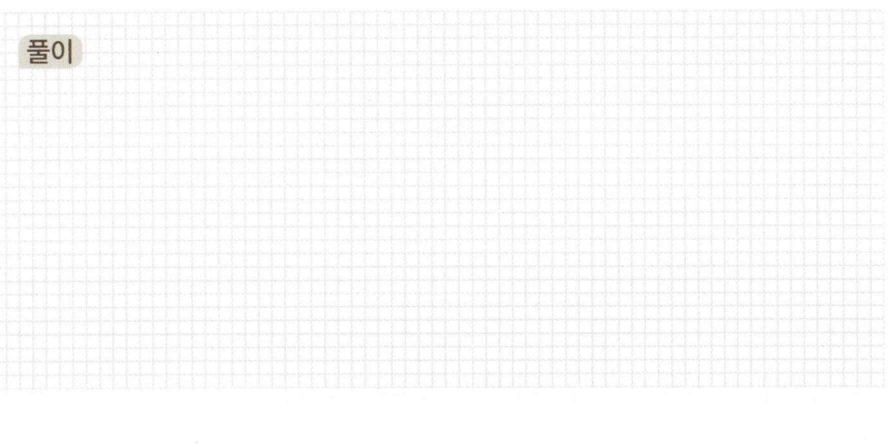

색깔	빨강	노랑	파랑	초록
색종이의 수(장)	6⬜	7⬜	8⬜	79

풀이

답 ___________

05 딱지를 한결이는 **1 0**장씩 묶음 **6**개를 가지고 있고, 주아는 **1 0**장씩 묶음 **5**개와 낱장 **1 2**장을 가지고 있습니다. 한결이와 주아 중 딱지를 더 많이 가지고 있는 사람의 이름을 써 보세요.

🎯 대표 유형 **03**

Tip
한결이와 주아가 가지고 있는 딱지의 수를 각각 구한 후, 크기를 비교합니다.

풀이

답 ___________

06 4장의 수 카드 중에서 2장을 뽑아 한 번씩만 사용하여 몇십몇을 만들려고 합니다. 만들 수 있는 수 중에서 홀수는 모두 몇 개일까요?

대표 유형 **05**

Tip

홀수: 낱개의 수가 1, 3, 5, 7, 9인 수

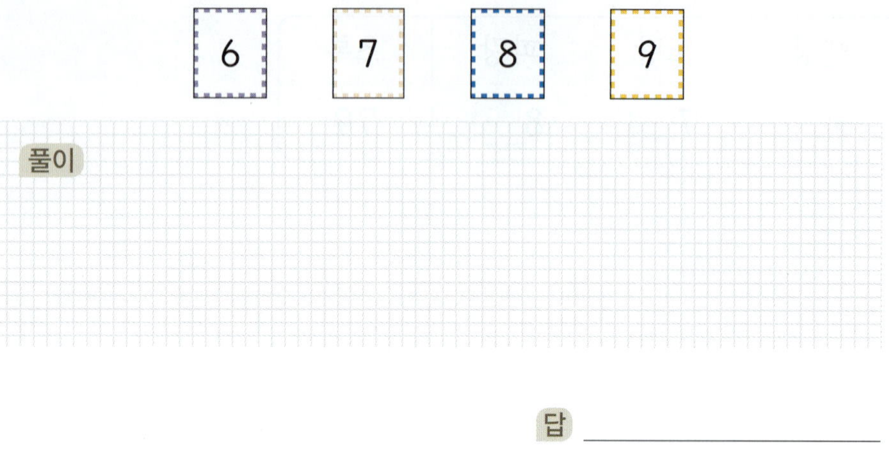

풀이

답 _______________

07 어떤 수보다 10만큼 더 큰 수는 65입니다. 어떤 수보다 1만큼 더 작은 수는 얼마일까요?

대표 유형 **07**

풀이

답 _______________

08 다음 두 수 사이의 수가 모두 3개일 때, ㉠에 들어갈 수 있는 수를 모두 구하세요.

대표 유형 **06**

Tip

㉠에 들어갈 수 있는 수가 82보다 작을 때와 클 때를 각각 알아봅니다.

풀이

답 _______________

09 🎯 대표 유형 **04**

민규와 친구들이 딴 딸기의 수를 나타낸 것입니다. 딸기를 수민이가 셋째로 많이 땄을 때, ⬜ 안에 들어갈 수 있는 가장 큰 수를 구하세요. (단, 학생들이 딴 딸기의 수는 모두 다릅니다.)

이름	민규	수민	아인	지훈
딸기의 수(개)	69	6⬜	72	66

풀이

답 __________________

Tip 🎏
수민이가 딴 딸기의 수가 셋째에 오도록 큰 수부터 늘어놓습니다.

10 🎯 대표 유형 **08**

조건 을 만족하는 수를 모두 구하세요.

조건
• 60보다 크고 99보다 작습니다.
• 10개씩 묶음의 수와 낱개의 수의 합은 8입니다.

풀이

답 __________________

Tip 🎏
(10개씩 묶음의 수)
+(낱개의 수)=8

2

덧셈과 뺄셈 (1)

세 수의 덧셈, 세 수의 뺄셈

◗ 세 수의 덧셈

· $3+1+4$의 계산

$$3+1=4$$

$$4+4=8 \ \rightarrow \ 3+1+4=8$$

◗ 세 수의 뺄셈

· $9-2-5$의 계산

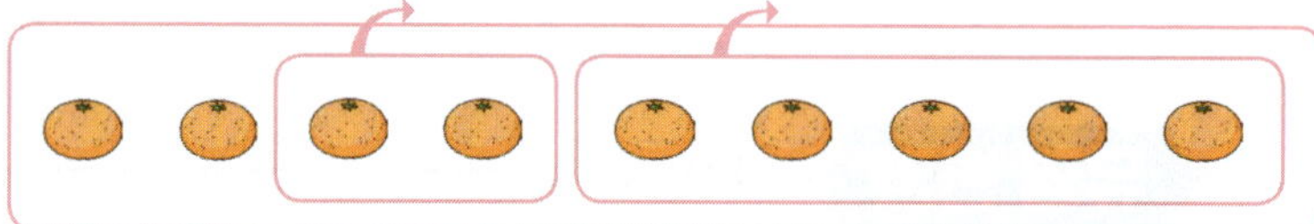

$$9-2=7$$

$$7-5=2 \ \rightarrow \ 9-2-5=2$$

01 계산 결과가 더 큰 것의 기호를 써 보세요.

ㄱ $2+5+1$　　　　ㄴ $4+2+3$

(　　　　　　　)

02 바르게 계산한 것에 ○표 하세요.

$8-3-2=7$

$3-2=1$

$8-1=7$

(　　　　)

$8-3-2=3$

$8-3=5$

$5-2=3$

(　　　　)

03 계산 결과가 같은 것끼리 선으로 이어 보세요.

$$3+2+1 \quad \cdot \qquad \cdot \quad 8-1-3$$

$$2+1+1 \quad \cdot \qquad \cdot \quad 9-2-1$$

활용 개념 **1** 덧셈식(뺄셈식) 완성하기

예 수 카드 1, 2, 3, 4 중 두 장을 골라 덧셈식 완성하기

$$1+\square+\square=7$$

→ 두 장의 카드의 수를 더하여 6이 되는 두 수는 2와 4이므로
$1+2+4=7$ 또는 $1+4+2=7$입니다.

04 수 카드 1, 2, 3, 4 중 두 장을 골라 덧셈식을 완성해 보세요.

$$4+\square+\square=8$$

05 수 카드 2, 3, 4, 5 중 두 장을 골라 뺄셈식을 완성해 보세요.

$$9-\square-\square=1$$

ㅣ0이 되는 더하기, ㅣ0에서 빼기

📜 교과서 개념

➲ ㅣ0이 되는 더하기

$1+9=10$

$2+8=10$

$3+7=10$

$4+6=10$

$5+5=10$

$6+4=10$

$7+3=10$

$8+2=10$

$9+1=10$

➲ ㅣ0에서 빼기

$10-1=9$

$10-2=8$

$10-3=7$

$10-4=6$

$10-5=5$

$10-6=4$

$10-7=3$

$10-8=2$

$10-9=1$

01 계산해 보세요.

(1) $9+1=$ 〔　〕

(2) $5+5=$ 〔　〕

(3) $10-2=$ 〔　〕

(4) $10-7=$ 〔　〕

02 계산 결과가 <u>다른</u> 하나를 찾아 ◯표 하세요.

| $6+4$ | $2+5$ | $3+7$ |

(　　　)　　　(　　　)　　　(　　　)

03 바르게 계산한 것을 찾아 기호를 써 보세요.

> ㉠ $10-6=3$
> ㉡ $10-5=5$

( )

활용 개념 1 ☐가 있는 식에서 ☐의 값 구하기

- ☐가 있는 덧셈식
  $☐+2=10 \rightarrow 8+2=10, ☐=8$
  $2+☐=10 \rightarrow 2+8=10, ☐=8$

- ☐가 있는 뺄셈식
  $10-☐=3 \rightarrow 10-7=3, ☐=7$
  $☐-7=3 \rightarrow 10-7=3, ☐=10$

04 ☐ 안에 알맞은 수를 써넣으세요.

(1) $☐+9=10$

(2) $10-☐=4$

(3) $7+☐=10$

(4) $☐-8=2$

05 감자가 들어 있는 상자에 감자 4개를 더 담았더니 감자가 모두 10개가 되었습니다. 처음 상자에 들어 있던 감자는 몇 개일까요?

( )

06 ☐ 안에 알맞은 수가 더 큰 것의 기호를 써 보세요.

> ㉠ $☐+5=10$
> ㉡ $10-☐=6$

( )

10을 만들어 더하기

● 10을 만들어 더하기

10이 되는 두 수를 먼저 더한 다음 남은 수를 더합니다.

・앞의 두 수로 10을 만들어 더하기	・뒤의 두 수로 10을 만들어 더하기
$\boxed{4+6}+3=10+3=13$	$5+\boxed{8+2}=5+10=15$

01 ☐ 안에 알맞은 수를 써넣으세요.

(1) $\boxed{3+7}+1=\boxed{}+1=\boxed{}$

(2) $9+\boxed{5+5}=9+\boxed{}=\boxed{}$

02 빈칸에 알맞은 수를 써넣으세요.

$+9$ $+4$

1 → ☐

03 계산 결과를 비교하여 ◯ 안에 >, =, <를 알맞게 써넣으세요.

$$2+8+7 \bigcirc 5+6+4$$

>> 정답 및 풀이 **10**쪽

04 버스에 남학생 2명과 여학생 6명이 타고 있었는데 다음 정류장에서 남학생 4명이 더 탔습니다. 버스에 타고 있는 학생은 모두 몇 명일까요?

(　　　　　)

 ### 세 수의 합을 알 때 모르는 수 구하기

예 세 수의 합이 16일 때 모르는 수 구하기

| □ | 7 | 3 |

$$\square + 7 + 3 = 16$$
$$\rightarrow \square + 10 = 16 \text{이므로 } \square = 6$$

05 혜지가 던져서 나온 주사위 3개의 눈의 수의 합이 12일 때, 나머지 한 주사위의 눈으로 알맞은 것은 어느 것일까요? ·································· (　　　)

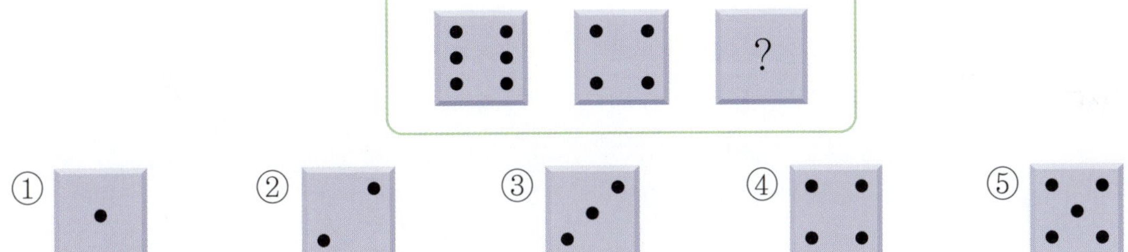

① ② ③ ④ ⑤

06 1부터 9까지의 수 중에서 ■와 ▲에 알맞은 수를 넣어서 만들 수 있는 덧셈식을 2개 써 보세요.

$$8 + \blacksquare + \blacktriangle = 18$$

 식 ___________________ , ___________________

2
덧셈과 뺄셈 (1)

더해서 10이 되는 두 수를 기억하자.

유형 솔루션

$1+9=10, 2+8=10, 3+7=10, 4+6=10, 5+5=10$

↓ (1, 9) ↓ (2, 8) ↓ (3, 7) ↓ (4, 6) ↓ (5, 5)

대표 유형 01

다음 중 두 수를 더해서 10이 되는 경우는 모두 몇 가지인지 구하세요.
(단, 더하는 순서만 다른 식은 같은 식으로 생각합니다.)

| 7 | 1 | 8 | 2 | 3 | 9 |

풀이

❶ 더해서 10이 되는 두 수를 찾으면

(1, ☐), (☐ , 8), (3, ☐)입니다.

❷ 두 수를 더해서 10이 되는 경우는 모두 ☐ 가지입니다.

답 ______________

예제 다음 중 두 수를 더해서 10이 되는 경우는 모두 몇 가지인지 구하세요.
(단, 더하는 순서만 다른 식은 같은 식으로 생각합니다.)

| 1 | 2 | 3 | 4 | 6 | 7 | 8 | 9 |

( )

>> 정답 및 풀이 **11**쪽

01-1
변형

오른쪽 주머니 안에 서로 다른 수가 적힌 공이 한 개씩 들어 있습니다. 이 중에서 2개를 뽑았을 때 두 수를 더해서 10이 되는 경우는 모두 몇 가지일까요?

(단, 뽑은 순서는 생각하지 않습니다.)

(   )

01-2
변형

더해서 10이 되는 두 수끼리 모두 짝 지었을 때 남는 수를 구하세요.

2	9	8	1	4

(   )

01-3
발전

가까이에 닿아 있는 두 수를 더했을 때 10이 되는 수끼리 모두 묶어 보세요.

3	6	9	3	4
7	1	5	5	4
4	8	2	6	2
1	5	3	7	9

색깔별로 모양의 수를 세어 보자.

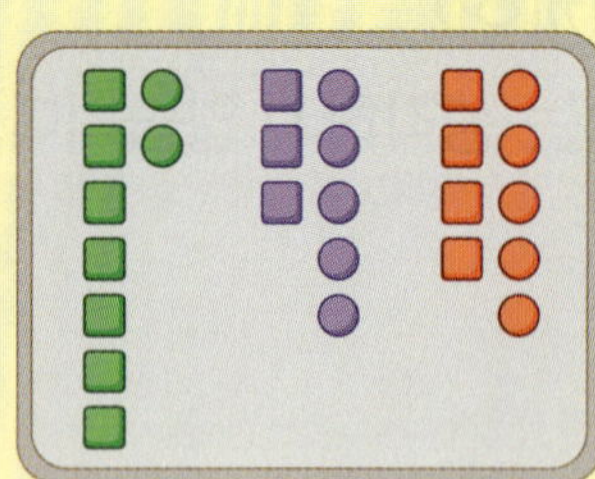

→ ■ 모양: $7+3+4=14$(개)
● 모양: $2+5+5=12$(개)

대표 유형 02

오른쪽 그림에서 같은 모양끼리 이어 목걸이를 만들려고 합니다. ■ 모양과 ▲ 모양은 각각 몇 개 있을까요?

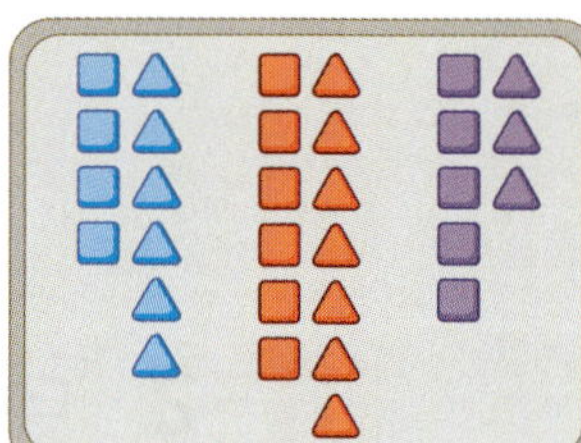

풀이

❶ 색깔별로 ■ 모양과 ▲ 모양의 수를 각각 세어 봅니다.

	파란색	빨간색	보라색
■ 모양	개	개	개
▲ 모양	개	개	개

❷ ■ 모양은 ☐ + ☐ + ☐ = ☐ (개),

▲ 모양은 ☐ + ☐ + ☐ = ☐ (개) 있습니다.

답 ■ 모양: ____________, ▲ 모양: ____________

예제✔ 오른쪽 그림에서 같은 모양끼리 이어 목걸이를 만들려고 합니다. ● 모양과 ▲ 모양은 각각 몇 개 있을까요?

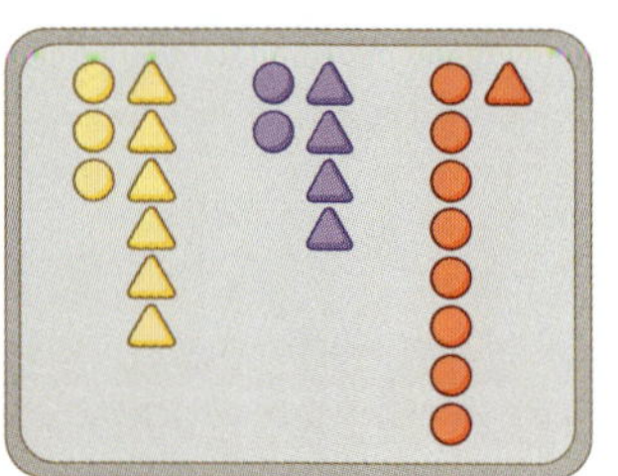

● 모양 (   ), ▲ 모양 (   )

02-1 변형
같은 모양끼리 이어 목걸이를 만들려고 합니다. ⬛ 모양과 🔺 모양 중에서 개수가 더 많은 것은 어느 모양일까요?

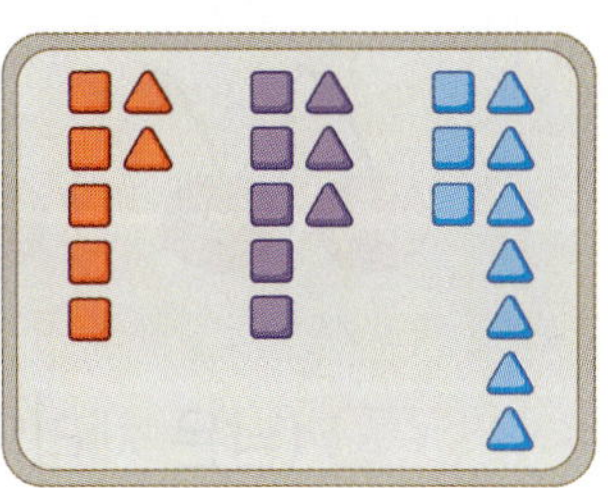

(   )

02-2 변형
같은 모양끼리 이어 목걸이를 만들려고 합니다. ⬛ 모양과 🔵 모양 중에서 개수가 더 적은 것은 어느 모양일까요?

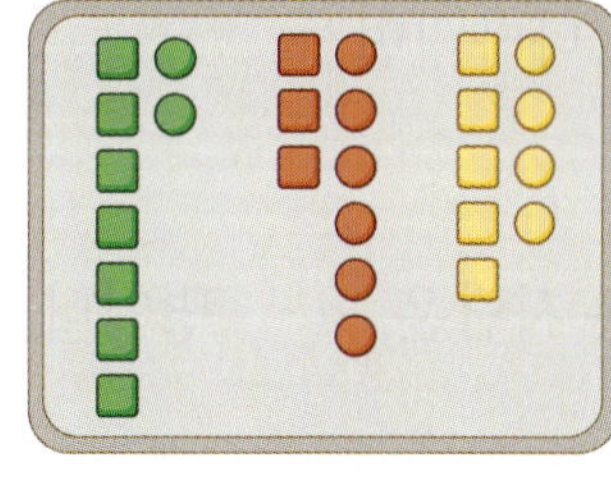

(   )

02-3 발전
같은 모양끼리 이어 목걸이를 만들려고 합니다. 🔵 모양은 🔺 모양보다 몇 개 더 많을까요?

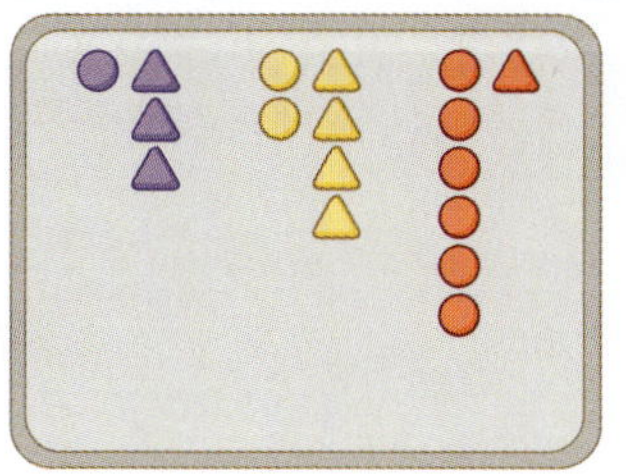

(   )

남은 수를 구할 때는 뺄셈을 이용하자.

+ 유형 솔루션

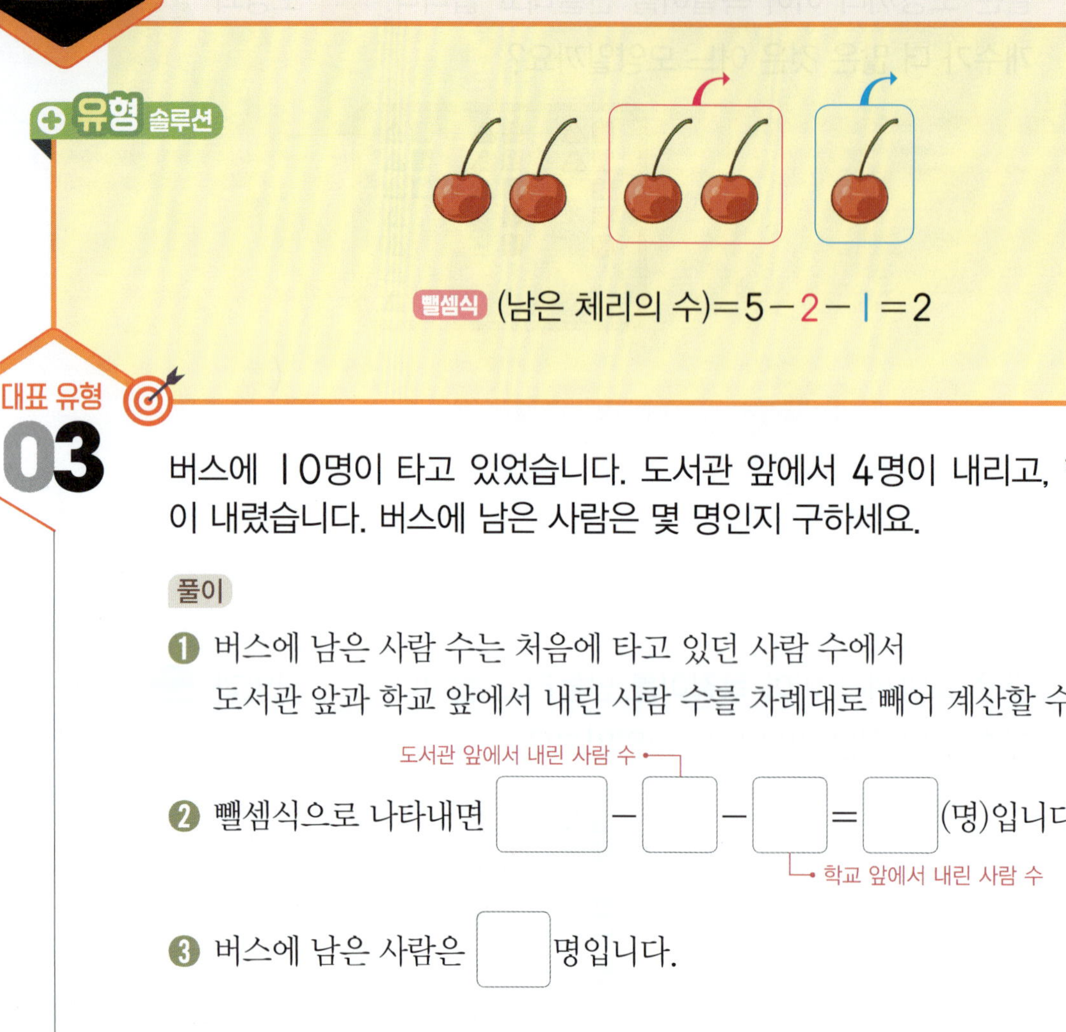

대표 유형
03

버스에 10명이 타고 있었습니다. 도서관 앞에서 4명이 내리고, 학교 앞에서 3명이 내렸습니다. 버스에 남은 사람은 몇 명인지 구하세요.

풀이

❶ 버스에 남은 사람 수는 처음에 타고 있던 사람 수에서
도서관 앞과 학교 앞에서 내린 사람 수를 차례대로 빼어 계산할 수 있습니다.

도서관 앞에서 내린 사람 수

❷ 뺄셈식으로 나타내면 ☐ − ☐ − ☐ = ☐ (명)입니다.

학교 앞에서 내린 사람 수

❸ 버스에 남은 사람은 ☐ 명입니다.

답 ________________

예제✔ 엘리베이터에 10명이 타고 있었습니다. 3층에서 2명이 내리고, 4층에서 1명이 내렸습니다. 엘리베이터에 남은 사람은 몇 명인지 구하세요.

( )

>> 정답 및 풀이 **12~13**쪽

03-1 (변형) 그릇에 딸기가 IO개 있습니다. 유정이가 3개, 지웅이가 5개를 먹었다면 남은 딸기는 몇 개일까요?

( )

03-2 (변형) 기현이는 공책을 IO권 가지고 있습니다. 친구에게 4권, 동생에게 2권을 주었다면 기현이에게 남은 공책은 몇 권일까요?

( )

03-3 (변형) 쪽수가 IO쪽인 동화책이 있습니다. 우재가 첫째 날 6쪽, 둘째 날 I쪽을 읽었다면 동화책의 남은 쪽수는 몇 쪽일까요?

( )

03-4 (발전) 상자에 공이 IO개 있습니다. 호영이가 공을 2개 꺼내고 수진이가 공을 몇 개 꺼냈을 때 남은 공은 5개입니다. 수진이가 꺼낸 공은 몇 개일까요?

( )

먼저 합이 10이 되는 두 수를 찾자.

유형 솔루션

• 합이 12가 되는 세 수 찾기

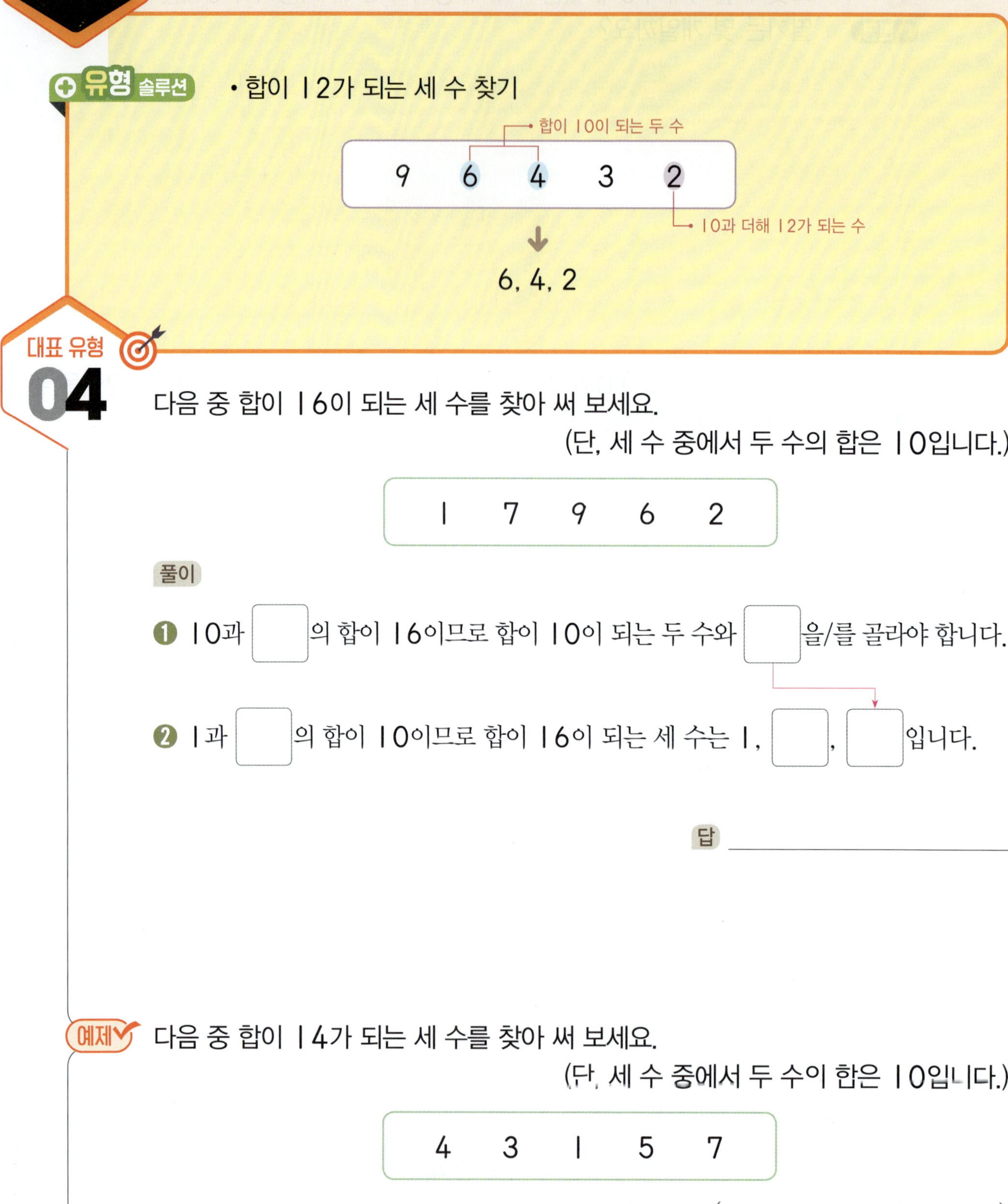

대표 유형
04

다음 중 합이 16이 되는 세 수를 찾아 써 보세요.

(단, 세 수 중에서 두 수의 합은 10입니다.)

| 1 | 7 | 9 | 6 | 2 |

풀이

❶ 10과 ☐ 의 합이 16이므로 합이 10이 되는 두 수와 ☐ 을/를 골라야 합니다.

❷ 1과 ☐ 의 합이 10이므로 합이 16이 되는 세 수는 1, ☐ , ☐ 입니다.

답 ________________

예제 다음 중 합이 14가 되는 세 수를 찾아 써 보세요.

(단, 세 수 중에서 두 수이 합은 10입니다.)

| 4 | 3 | 1 | 5 | 7 |

(   )

04-1
변형

다음 중 합이 15가 되는 세 수를 골랐을 때 가장 큰 수를 써 보세요.
(단, 세 수 중에서 두 수의 합은 10입니다.)

| 6 | 5 | 2 | 4 | 9 |

(   )

04-2
변형

다음 중 합이 13이 되는 세 수를 골랐을 때 가장 작은 수를 써 보세요.
(단, 세 수 중에서 두 수의 합은 10입니다.)

| 2 | 6 | 1 | 3 | 8 |

(   )

04-3
발전

4장의 수 카드 중에서 3장을 골라 한 번씩 모두 사용하여 세 수의 합이 17이
되는 덧셈식을 만들려고 합니다. 만들 수 있는 덧셈식과 사용하지 않고 남은 수
를 각각 써 보세요.

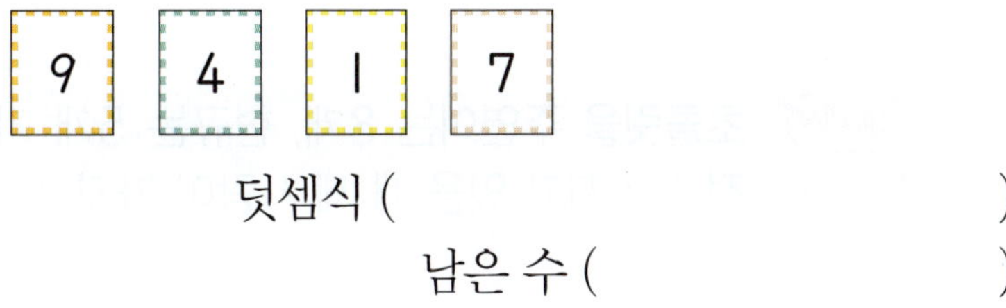

덧셈식 (   )

남은 수 (   )

아는 수를 이용해 모르는 수를 구하자.

➕ 유형 솔루션

(은수가 가지고 있는 사탕의 수)
$=4-2=2$(개)

대표 유형 05

붙임 딱지를 희정이는 7장, 민수는 4장 모았습니다. 예지는 희정이보다 1장 더 적게 모았을 때 세 사람이 모은 붙임 딱지는 모두 몇 장일까요?

풀이

↳ 희정이가 모은 붙임 딱지의 수

❶ (예지가 모은 붙임 딱지의 수)= ☐ − 1 = ☐ (장)

❷ (세 사람이 모은 붙임 딱지의 수)$=7+4+$ ☐

　　　　　$=7+$ ☐ $=$ ☐ (장)

❸ 세 사람이 모은 붙임 딱지는 모두 ☐ 장입니다.

답 ＿＿＿＿＿＿＿＿＿

예제 초콜릿을 주연이는 8개, 현규는 5개 가지고 있습니다. 경미는 주연이보다 3개 더 적게 가지고 있을 때 세 사람이 가지고 있는 초콜릿은 모두 몇 개일까요?

(　　　　　　　)

05-1 현아가 동화책을 3권, 위인전을 2권 읽었습니다. 과학책은 위인전보다 2권 더 많이 읽었다고 할 때 현아가 읽은 책은 모두 몇 권일까요?

변형

(　　　　　　　)

05-2 사과가 4개, 오렌지가 1개 있습니다. 감은 오렌지보다 1개 더 많이 있다고 할 때 과일은 모두 몇 개일까요?

변형

(　　　　　　　)

05-3 예린이는 언니보다 3살 적고, 동생은 예린이보다 2살 적습니다. 언니가 9살일 때 세 사람의 나이의 합은 몇 살인지 구하세요.

발전

(　　　　　　　)

규칙을 찾아 식으로 나타내자.

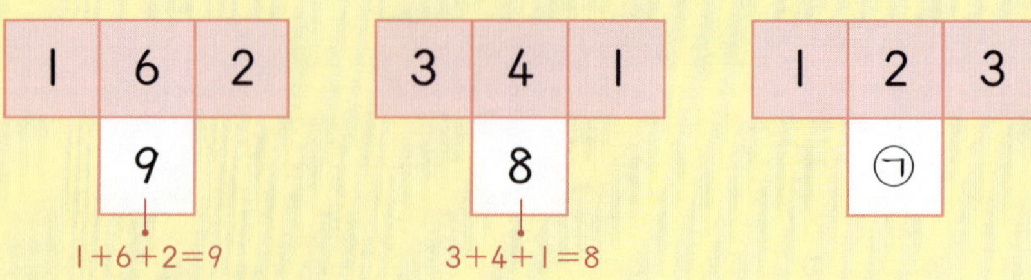

유형 솔루션

| 1 | 6 | 2 | | 3 | 4 | 1 | | 1 | 2 | 3 |

9   8   ㉠

$1+6+2=9$ $3+4+1=8$

규칙 위쪽 세 수를 더한 값이 아래쪽 수가 됩니다.

➜ ㉠$=1+2+3=6$

대표 유형 06

규칙을 찾아 ㉠에 알맞은 수를 구하세요.

규칙을 찾아 ㉠에 알맞은 수를 구하세요.

풀이

❶ 네 수 사이의 규칙을 식으로 나타냅니다.

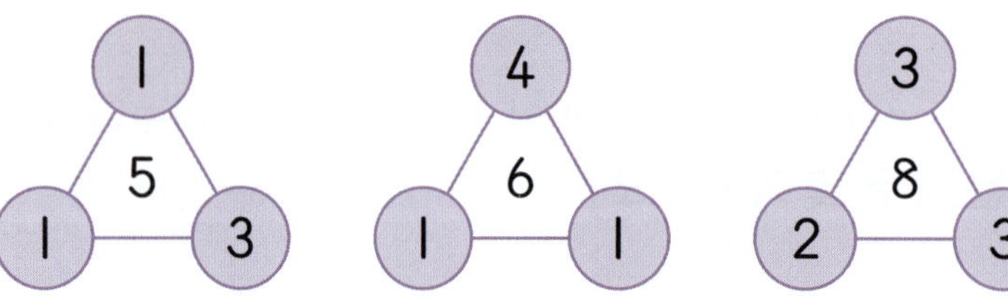

➜ $1+1+3=5$ ➜ $4+1+1=\boxed{}$

➜ $3+2+3=\boxed{}$

❷ 규칙 바깥쪽 세 수를 (더하 , 빼) 값이 가운데 수가 됩니다.

❸ ㉠에 알맞은 수를 구하면 $2+5+\boxed{}=\boxed{}$ 입니다.

답 _______________

예제 ✔ 규칙을 찾아 빈칸에 알맞은 수를 써넣으세요.

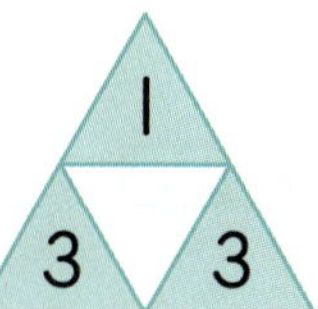

06-1 규칙을 찾아 빈칸에 알맞은 수를 써넣으세요.

변형

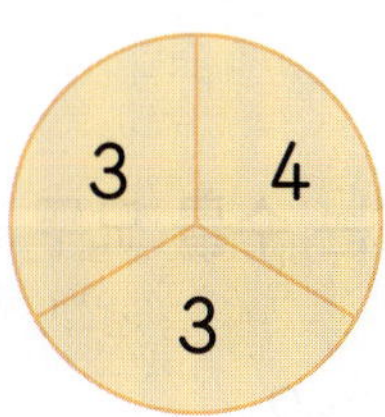

06-2 규칙을 찾아 빈칸에 알맞은 수를 써넣으세요.

변형

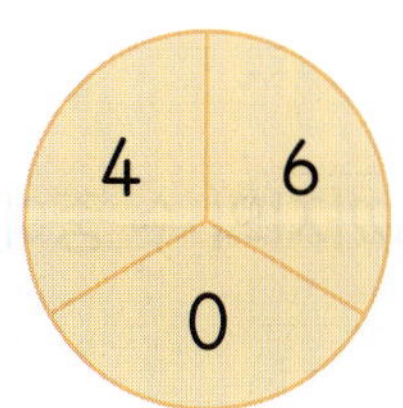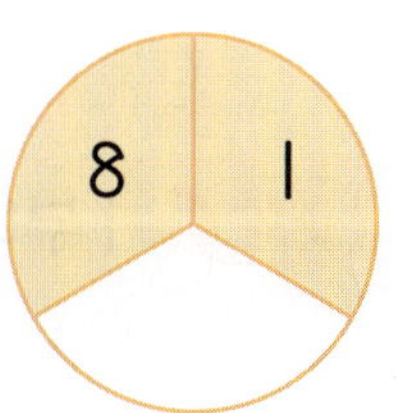

●에 수를 차례대로 넣어 보자.

$9-4-● > 2$
$→ 5-● > 2$

$5-1=4 \;\bigcirc\kern-1.2em> \;2$
$5-2=3 \;\bigcirc\kern-1.2em> \;2$ ┐ 2보다 큰 수
$5-3=2 \;\bigcirc\kern-1.2em= \;2$

대표 유형
07

1부터 9까지의 수 중에서 ●에 들어갈 수 있는 수를 모두 구하세요.

$9-3-● > 2$

풀이

❶ $9-3-● > 2 → 6-● > 2$이므로 ●에 수를 1부터 차례대로 넣어 보면

$6-1=\;5\quad > \quad 2$

$6-2=\;4\quad > \quad 2$

$6-3=\;\boxed{}\;\bigcirc\;2$

$6-4=\;\boxed{}\;\bigcirc\;2$

❷ ●에 들어갈 수 있는 수: $\boxed{}$, $\boxed{}$, $\boxed{}$

답 ___________

예제 ✔ 1부터 6까지의 수 중에서 ●에 들어갈 수 있는 수를 모두 구하세요.

$8-1-● > 2$

(   )

07-1 (변형) | 부터 9까지의 수 중에서 ●에 들어갈 수 있는 수는 모두 몇 개일까요?

$$2+3+\bullet<8$$

(   )

07-2 (변형) | 부터 6까지의 수 중에서 ●에 들어갈 수 있는 수는 모두 몇 개일까요?

$$|+2+\bullet>|0-4$$

(   )

07-3 (발전) | 부터 9까지의 수 중에서 ●에 들어갈 수 있는 가장 큰 수를 구하세요.

$$6+\bullet<|+5+4$$

(   )

알 수 있는 것부터 차례대로 구하자.

$\blacksquare + 4 = 10$
$\blacktriangle - 3 = \blacksquare$

① $\blacksquare + 4 = 10$ ➡ $6 + 4 = 10$, $\blacksquare = 6$
② $\blacktriangle - 3 = \boxed{6}$ ➡ $9 - 3 = 6$, $\blacktriangle = 9$

대표 유형 08

같은 모양은 같은 수를 나타냅니다. ●에 알맞은 수를 구하세요.

· $\blacktriangle + 5 = 10$
· $● - 4 = \blacktriangle$

풀이

❶ $\blacktriangle + 5 = 10$에서 $5 + 5 = 10$이므로 $\blacktriangle = \boxed{}$

❷ $● - 4 = \blacktriangle$에서 $\blacktriangle = \boxed{}$이므로 $● - 4 = \boxed{}$

➡ $9 - 4 = \boxed{}$, $● = \boxed{}$

답 ____________

예제 같은 모양은 같은 수를 나타냅니다. ▲에 알맞은 수를 구하세요.

· $\blacksquare + 7 = 10$
· $\blacktriangle - 1 = \blacksquare$

(   )

08-1 같은 모양은 같은 수를 나타냅니다. ♥에 알맞은 수를 구하세요.

변형

- $10 - ◆ = 8$
- $◆ + ♥ = 7$

(　　　　　　　)

08-2 같은 모양은 같은 수를 나타냅니다. ★에 알맞은 수를 구하세요.

변형

- $● + ● + ● = 9$
- $★ - ● = 5$

(　　　　　　　)

08-3 같은 모양은 같은 수를 나타냅니다. ♥에 알맞은 수를 구하세요.

발전

- $■ + ■ = 10$
- $● + 2 = ■$
- $■ + ● = ♥$

(　　　　　　　)

실전 적용

대표 유형 01

01 더해서 10이 되는 두 수끼리 모두 짝 지었을 때 남는 수를 구하세요.

3	6	2	4	7

풀이

답 ______________

대표 유형 02

02 같은 모양끼리 이어 목걸이를 만들려고 합니다. 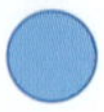 모양은 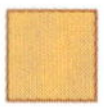 모양보다 몇 개 더 적을까요?

Tip
색깔별로 모양의 수를 세어 합을 먼저 구합니다.

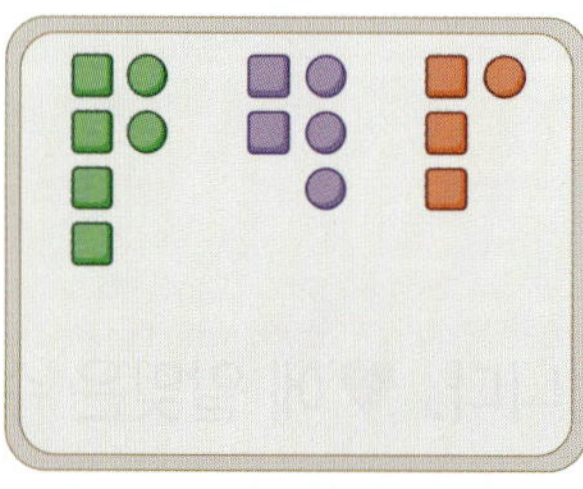

풀이

답 ______________

◎ 대표 유형 **04**

03 다음 중 합이 **12**가 되는 세 수를 골랐을 때 가장 큰 수를 써 보세요.

| 9 | 3 | 2 | 7 | 4 |

풀이

답 ___________________

◎ 대표 유형 **03**

04 주머니에 구슬이 **10**개 있습니다. 서우가 구슬을 **4**개 꺼내고 민규가 구슬을 몇 개 꺼냈을 때 남은 구슬은 **1**개입니다. 민규가 꺼낸 구슬은 몇 개일까요?

풀이

답 ___________________

Tip

민규가 꺼낸 구슬의 수를 □개라 하여 식을 세웁니다.

◎ 대표 유형 **08**

05 어떤 수에 **3**을 더해야 할 것을 잘못하여 뺐더니 **4**가 되었습니다. 바르게 계산한 값을 구하세요.

풀이

답 ___________________

Tip

어떤 수를 □라 하여 잘못 계산한 식을 세웁니다.

실전 적용

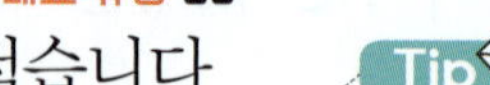

대표 유형 05

06 정국이는 형보다 1살 적고, 동생은 정국이보다 4살 적습니다. 형이 8살일 때 세 사람의 나이의 합은 몇 살일까요?

Tip 형의 나이를 이용해 정국이의 나이를 구합니다.

풀이

답 ______________

대표 유형 06

07 보기 를 보고 두 모양에 적혀 있는 수의 규칙을 찾아 빈칸에 알맞은 수를 써넣으세요.

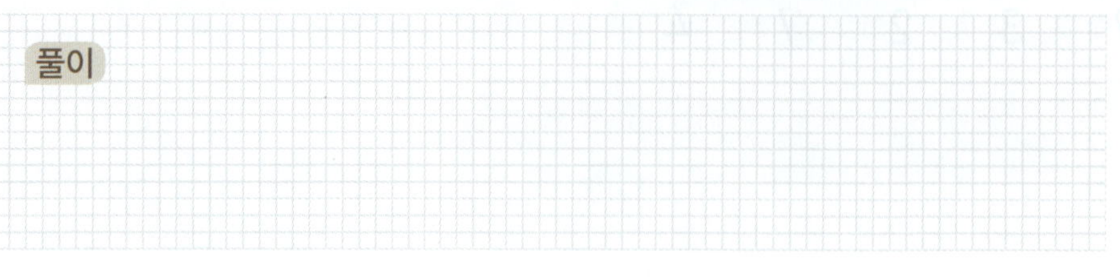

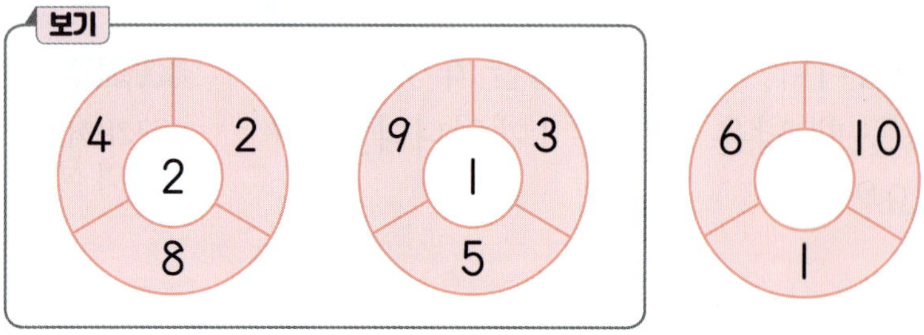

풀이

대표 유형 07

08 1부터 9까지의 수 중에서 ★에 들어갈 수 있는 가장 작은 수를 구하세요.

Tip ★에 수를 9부터 거꾸로 넣어 봅니다.

$1+★>2+2+3$

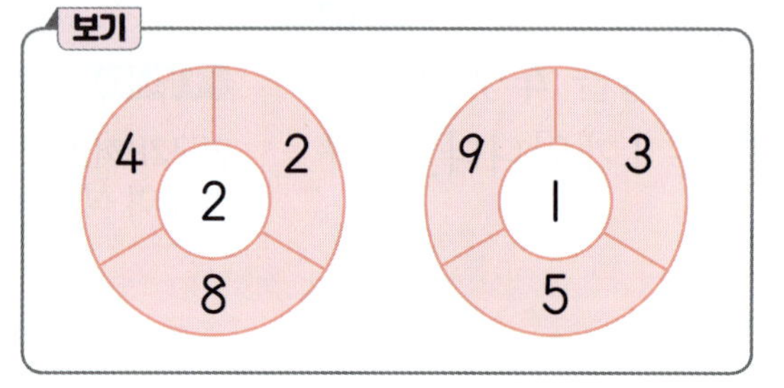

풀이

답 ______________

🎯 대표 유형 **08**

09 같은 모양은 같은 수를 나타냅니다. ■에 알맞은 수를 구하세요.

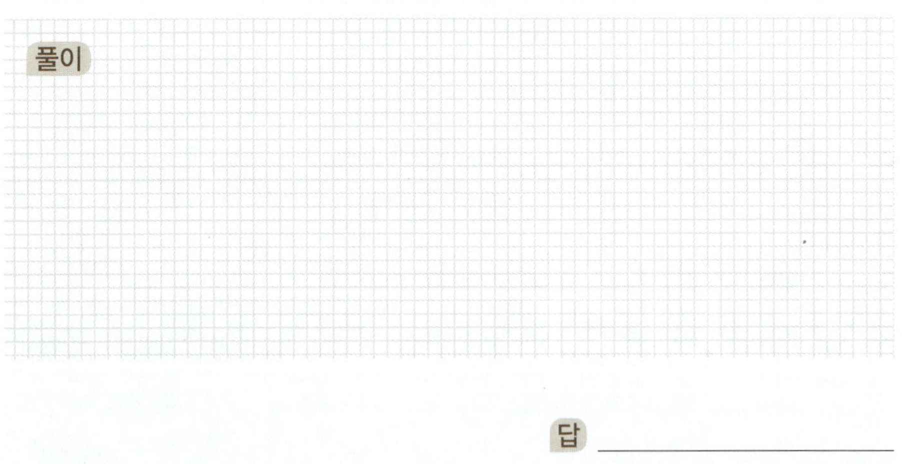

풀이

답 ____________________

🎯 대표 유형 **06**

10 같은 줄에 있는 세 수의 합은 10입니다. 빈칸에 알맞은 수를 써넣으세요.

Tip
가로줄 또는 세로줄 중에서
빈칸이 한 개인 곳을 먼저
해결합니다.

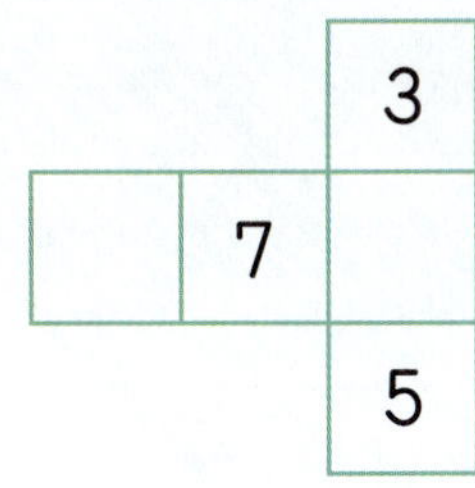

풀이

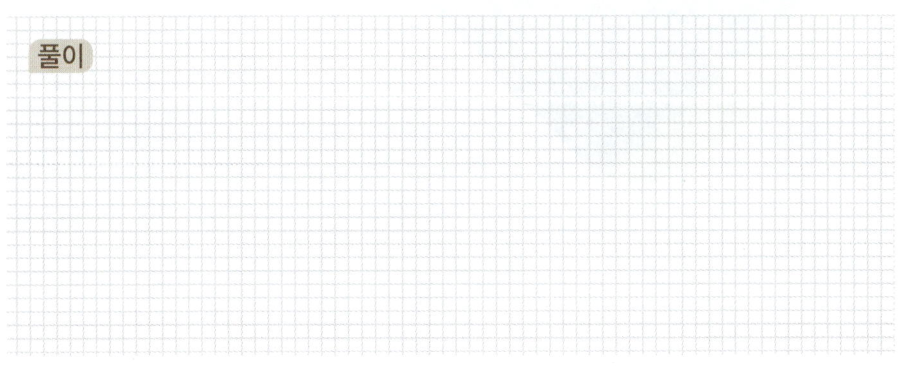

2

덧셈과 뺄셈 (1)

3

모양과 시각

여러 가지 모양 찾기

■, ▲, ● 모양 찾기

■ 모양	▲ 모양	● 모양

01 같은 모양끼리 선으로 이어 보세요.

02 왼쪽 물건과 같은 모양의 물건에 ◯표 하세요.

(   )   (   )

>> 정답 및 풀이 **18**쪽

03 같은 모양끼리 모은 것입니다. 바르게 모은 사람의 이름을 써 보세요.

(   )

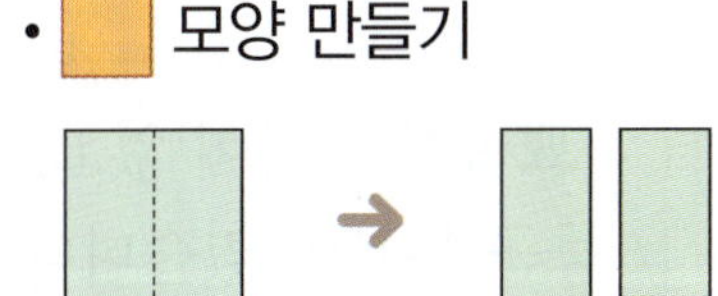

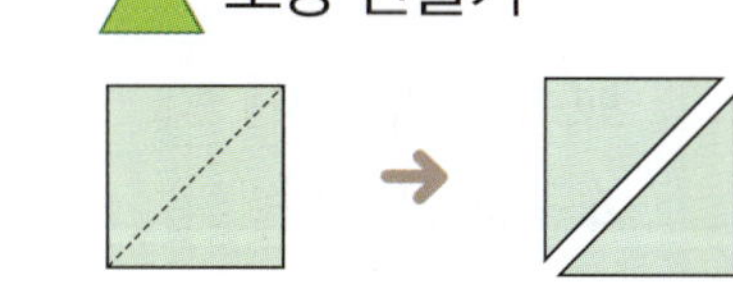

04 색종이를 선을 따라 모두 자르면 ⬜ 모양과 🔺 모양은 각각 몇 개 만들어지는지 구하세요.

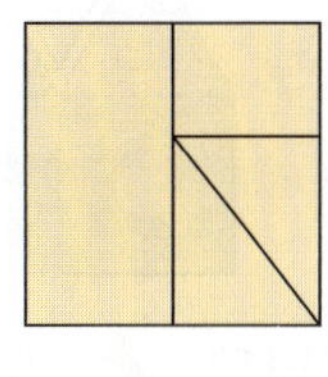

⬜ 모양 (   )

🔺 모양 (   )

05 색종이를 선을 따라 모두 잘랐을 때 ⬜ 모양이 4개 만들어지는 것을 찾아 기호를 써 보세요.

㉠ 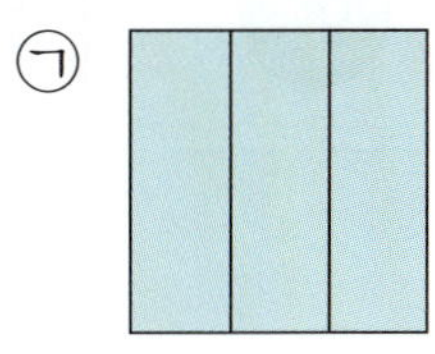   ㉡ 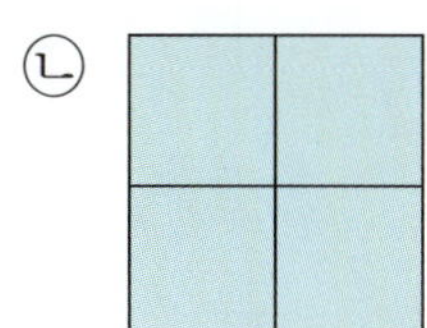

(   )

여러 가지 모양 알아보기, 여러 가지 모양 만들기

● 여러 가지 모양 알아보기

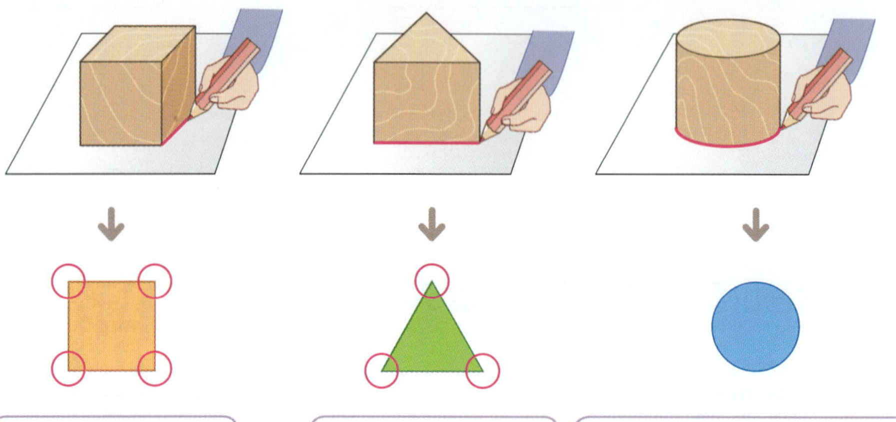

뽀족한 부분이
4군데입니다.

뽀족한 부분이
3군데입니다.

뽀족한 부분이 없고,
둥근 부분이 있습니다.

● ■, ▲, ● 모양으로 집 만들기

벽, 굴뚝, 문은 ■ 모양으로, 지붕은 ▲ 모양으로, 창문은 ● 모양으로 하여 집을 만든 것입니다.

→ ■ 모양: 5개, ▲ 모양: 5개, ● 모양: 2개

01 물건을 종이 위에 대고 본떴을 때 나오는 모양이 <u>다른</u> 하나를 찾아 기호를 써 보세요.

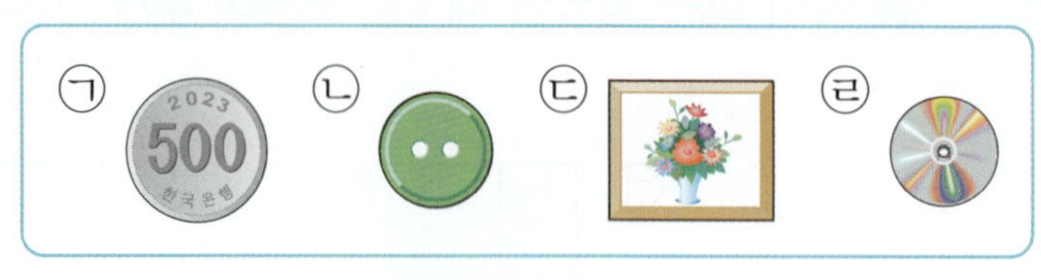

(   )

>> 정답 및 풀이 **18**쪽

02 모양 조각을 사용하여 나무를 만들었습니다. 사용한 모양을 모두 찾아 ◯표 하세요.

()

활용 개념 **1** **부분을 보고 전체 모양 알기**

뾰족한 부분, 둥근 부분 등을 생각하여 보이지 않는 부분을 그려 봅니다.

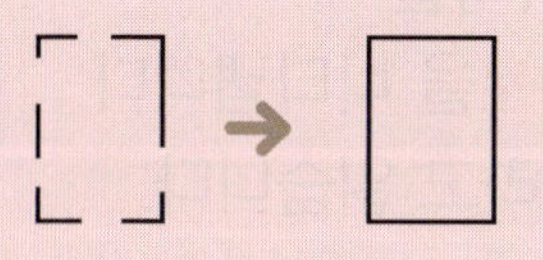 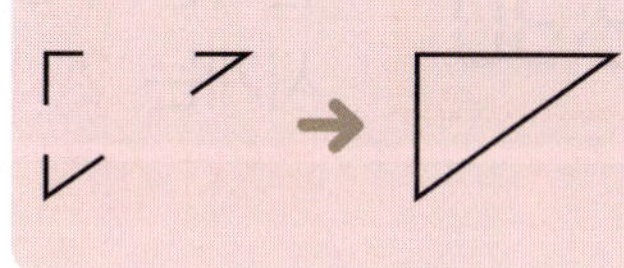 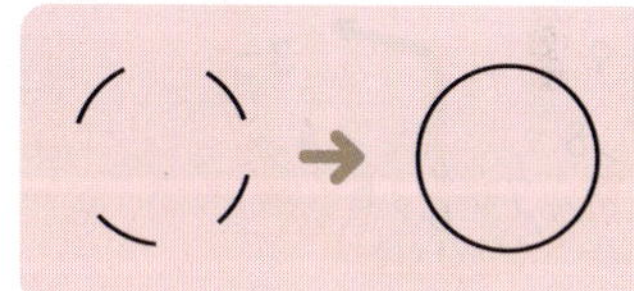

03 보이는 부분을 보고 어떤 모양의 일부분인지 알맞은 모양에 ◯표 하세요.

(1) 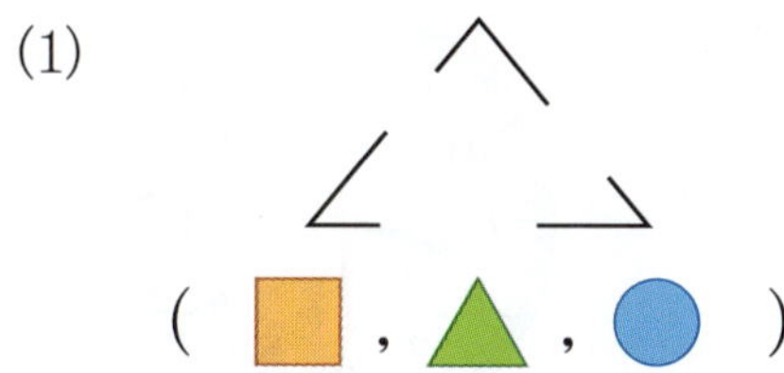

(2) 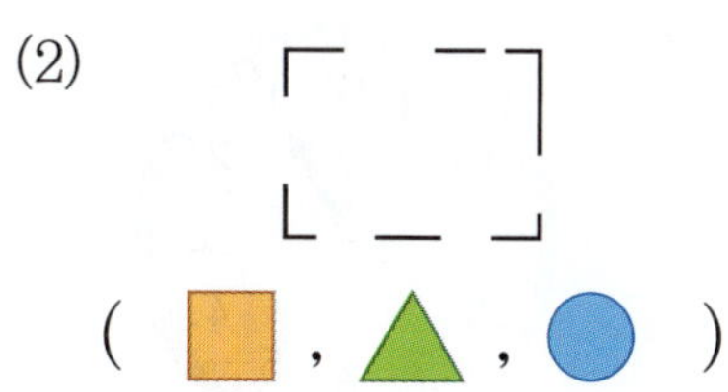

04 여러 가지 모양의 물건을 본뜬 모양의 일부분을 보고 ⬛, 🔺, 🔵 모양은 각각 몇 개 있는지 구하세요.

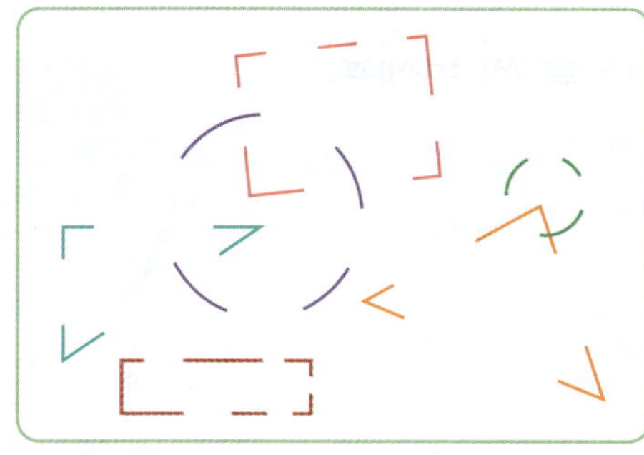

⬛ 모양 ( )

🔺 모양 ( )

🔵 모양 ( )

몇 시, 몇 시 30분

교과서 개념

● 몇 시

짧은바늘이 7,
긴바늘이 12를 가리킬 때
시계는 **7시**를 나타냅니다.
일곱 시라고 읽습니다.

● 몇 시 30분

 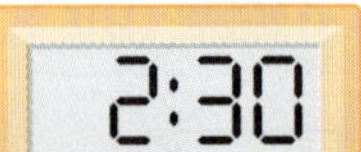

짧은바늘이 2와 3의 가운데,
긴바늘이 6을 가리킬 때
시계는 **2시 30분**을 나타냅니다.
두 시 삼십 분이라고 읽습니다.

---

01 시계를 보고 시각을 써 보세요.

(1) 

( )

(2) 

( )

02 시곗바늘이 바르게 그려진 시계를 찾아 기호를 써 보세요.

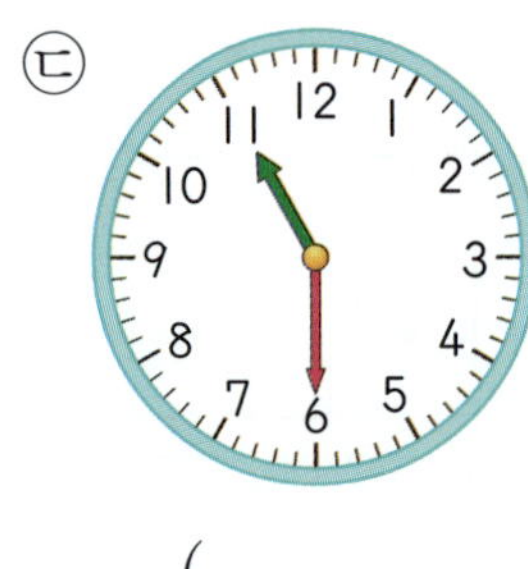

( )

03 시계에 시각을 나타내 보세요.

(1) 4시

(2) 10시 30분

(3) 8시

(4) 3시 30분

활용 개념 **1** 시각과 시각 사이에 있는 시각 찾기

 2시 30분과 3시는 2시와 3시 30분 사이에 있는 시각입니다.

2시와 3시 30분 사이에 있는 시각

04 나연이와 지후가 아침에 학교에 도착한 시각입니다. 8시와 9시 30분 사이에 학교에 도착한 사람은 누구일까요?

나연   지후

(   )

조건에 맞는 모양을 찾아보자.

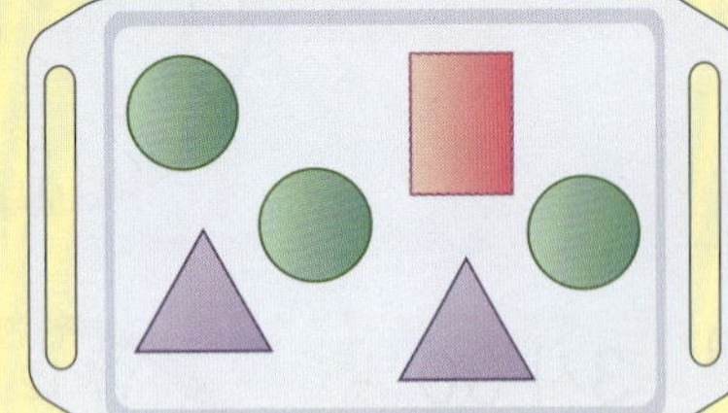

대표 유형 01

식탁 위에 있는 접시 모양을 보고 뾰족한 부분이 4군데인 모양은 둥근 부분이 있는 모양보다 몇 개 더 많은지 구하세요.

풀이

❶ 뾰족한 부분이 4군데인 모양은 (■ , ▲ , ●) 모양으로 ☐개이고,

둥근 부분이 있는 모양은 (■ , ▲ , ●) 모양으로 ☐개입니다.

❷ ■ 모양은 ● 모양보다 ☐ − ☐ = ☐ (개) 더 많습니다.

답 ____________

예제✓ 서랍 속에 있는 모양 조각을 보고 둥근 부분이 있는 모양은 뾰족한 부분이 3군데인 모양보다 몇 개 더 많은지 구하세요.

(   )

>> 정답 및 풀이 **19**쪽

01-1 쟁반 위에 있는 빵 모양을 보고 뾰족한 부분이 있는 모양은 모두 몇 개인지 구
변형 하세요.

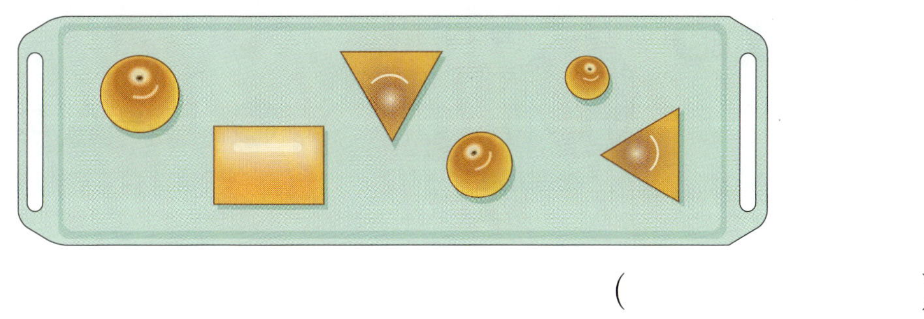

(   )

01-2 모양 자의 안쪽에 있는 모양을 이용하여 그릴 수 있는 ▨, ▲, ● 모양 중
변형 뾰족한 부분이 **3**군데인 모양은 둥근 부분이 있는 모양보다 몇 개 더 적은지 구
하세요.

(   )

01-3 상자에 담긴 과자 모양을 보고 뾰족한 부분이 있는 모양은 뾰족한 부분이 없는
발전 모양보다 몇 개 더 많은지 구하세요.

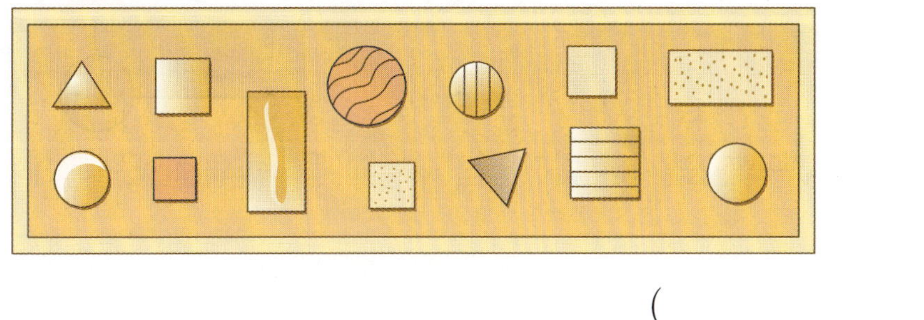

(   )

유형 변형

가려진 부분이 없는 모양이 가장 나중에 놓은 모양이다.

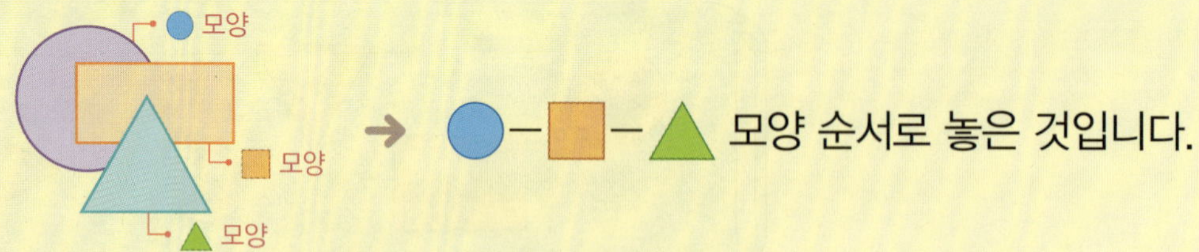

대표 유형 02

■, ▲, ● 모양의 색종이를 그림과 같이 겹치도록 차례대로 3장을 놓았습니다. 가장 처음에 놓은 모양에 ○표 하세요.

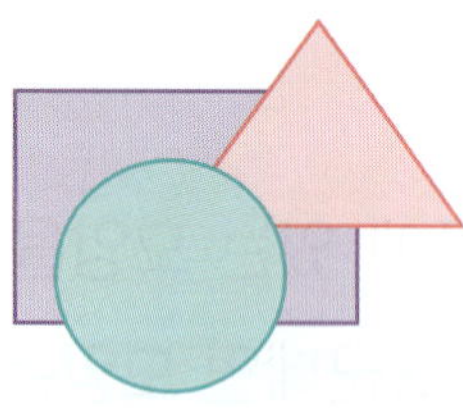

풀이

❶ ☐－☐－☐ 모양 순서로 놓은 것입니다.

❷ 가장 처음에 놓은 모양은 (■ , ▲ , ●) 모양입니다.

답 ________ ■ , ▲ , ●

예제 ■, ▲, ● 모양의 색종이를 그림과 같이 겹치도록 차례대로 3장을 놓았습니다. 가장 처음에 놓은 모양에 ○표 하세요.

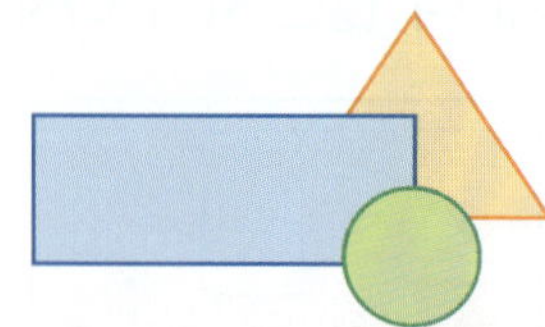

(■ , ▲ , ●)

02-1 **변형** 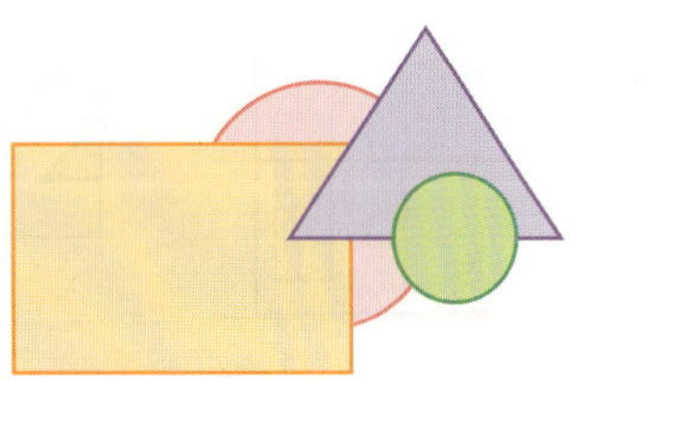, ▲, ● 모양의 색종이를 그림과 같이 겹치도록 차례대로 4장을 놓았습니다. 두 번째로 놓은 모양에 ○표 하세요.

(■ , ▲ , ●)

02-2 **변형** ■, ▲, ● 모양의 색종이를 그림과 같이 겹치도록 차례대로 4장을 놓았습니다. 세 번째로 놓은 모양에 ○표 하세요.

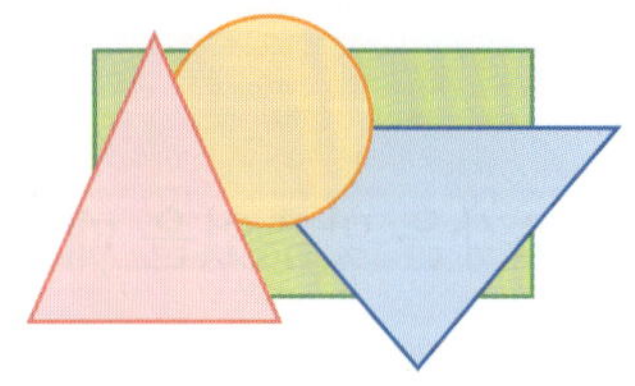

(■ , ▲ , ●)

02-3 **발전** ■, ▲, ● 모양의 색종이를 그림과 같이 겹치도록 차례대로 5장을 놓았습니다. 놓은 순서를 바르게 나타낸 것을 찾아 기호를 써 보세요.

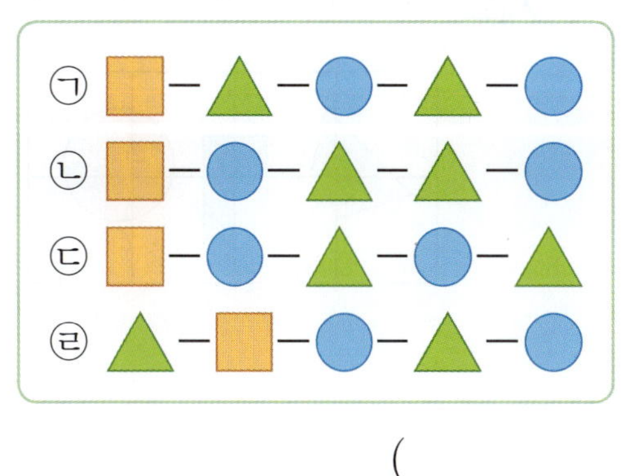

( )

3. 모양과 시각 • **71**

모양의 일부분만 봐도 그 모양을 알 수 있다.

유형 솔루션

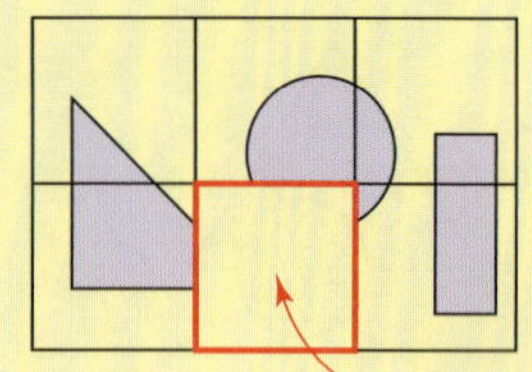 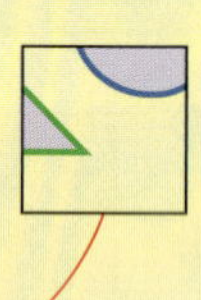

빈칸에 알맞은 조각은

▲ 모양의 뾰족한 부분과

● 모양의 둥근 부분이 있는 조각 입니다.

대표 유형 03

■, ▲, ● 모양이 그려진 퍼즐의 빈칸에 알맞은 퍼즐 조각을 찾아 기호를 써 보세요.

 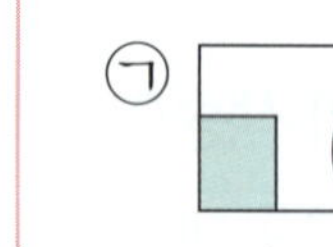 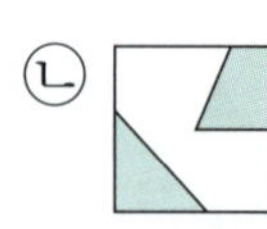 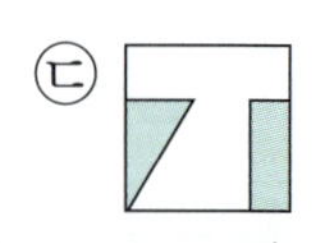

풀이

❶ 빈칸에 어떤 조각을 맞추었을 때 ■, ▲, ● 모양이 완성되는지 알아봅니다.

❷ ■ 모양의 뾰족한 부분과 ● 모양의 둥근 부분이 있는 조각을 찾으면 ☐ 입니다.

답 ____________

예제 ■, ▲, ● 모양이 그려진 퍼즐의 빈칸에 알맞은 퍼즐 조각을 찾아 기호를 써 보세요.

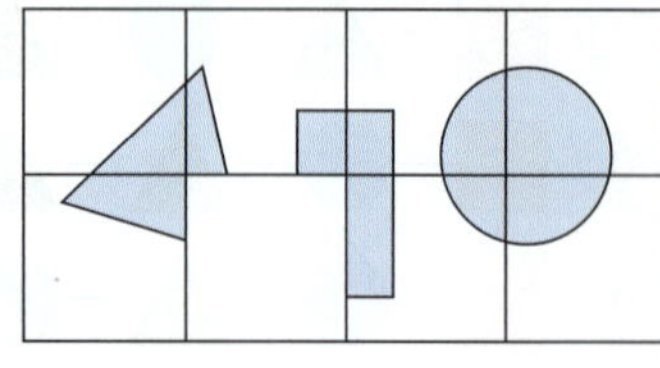 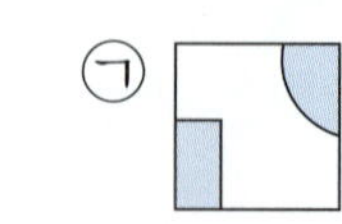 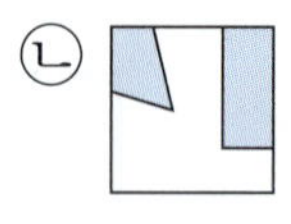 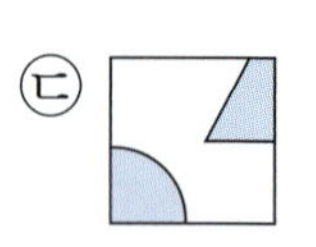

(   )

>> 정답 및 풀이 **20**쪽

03-1 변형 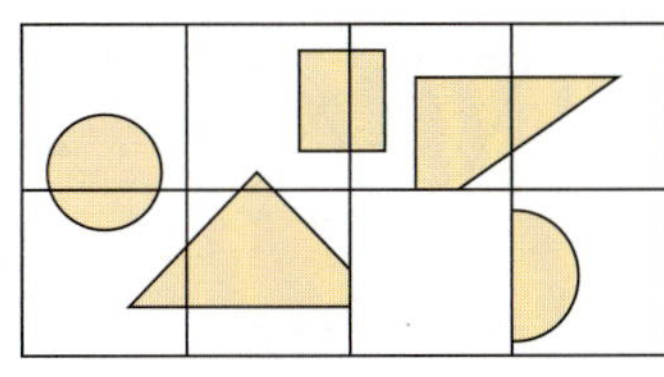 모양이 그려진 퍼즐의 빈칸에 알맞은 퍼즐 조각을 찾아 기호를 써 보세요.

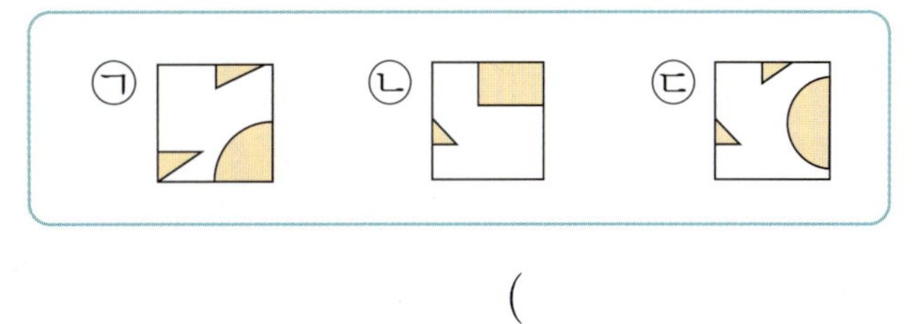

(   )

03-2 변형 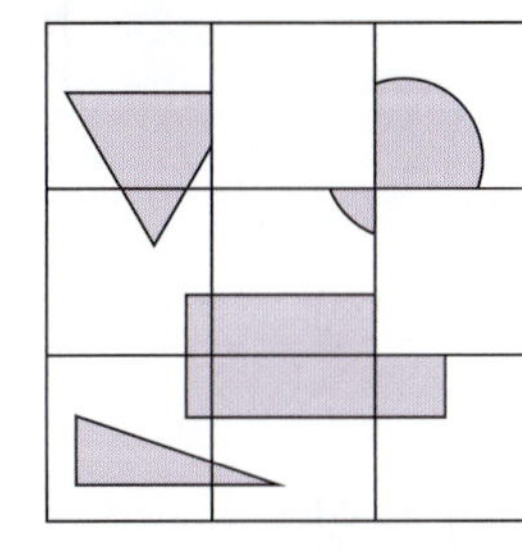 모양이 그려진 퍼즐의 빈칸에 알맞은 퍼즐 조각을 각각 찾아 기호를 써넣으세요.

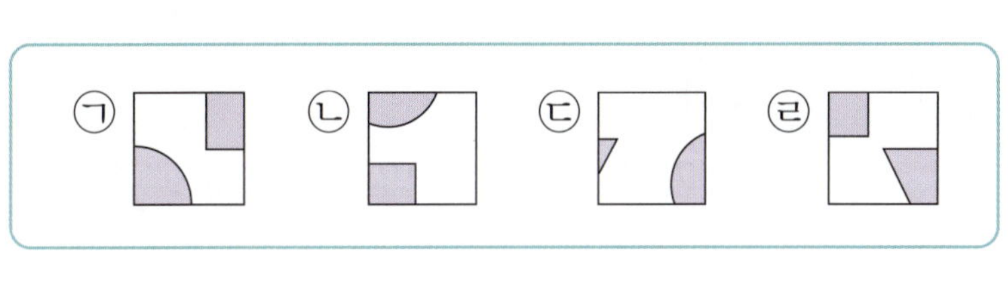

03-3 발전 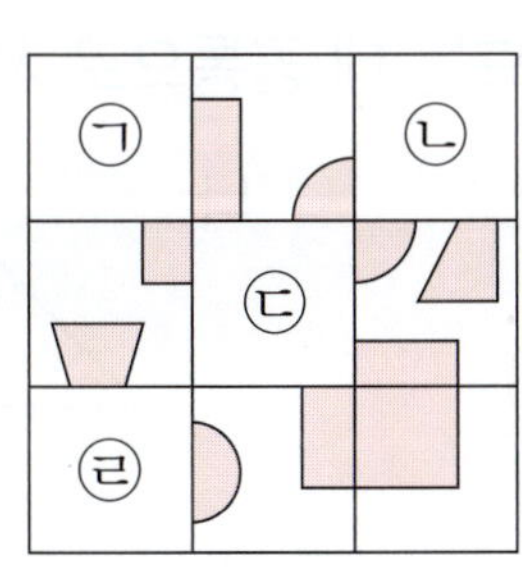 모양이 그려진 퍼즐이 있습니다. 빈칸에 알맞게 짝 지어지지 않은 퍼즐 조각을 찾아 기호를 써 보세요.

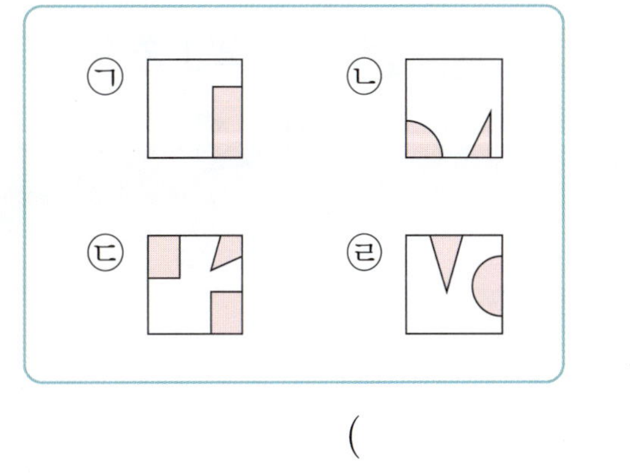

(   )

두 모양에 모두 있는 모양을 찾아보자.

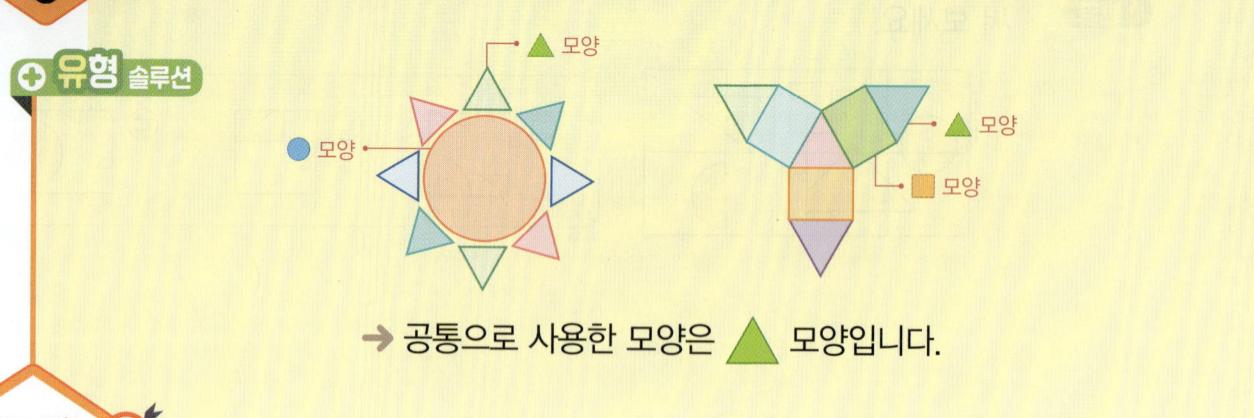

→ 공통으로 사용한 모양은 ▲ 모양입니다.

대표 유형 04

■, ▲, ● 모양 중 두 모양을 만드는 데 공통으로 사용한 모양에 ○표 하세요.

가

나

풀이

❶ 가에서 사용한 모양: (■ , ▲ , ●) 모양

❷ 나에서 사용한 모양: (■ , ▲ , ●) 모양

❸ 두 모양을 만드는 데 공통으로 사용한 모양: (■ , ▲ , ●) 모양

답 <u>■ , ▲ , ●</u>

예제 ■, ▲, ● 모양 중 두 모양을 만드는 데 공통으로 사용한 모양에 ○표 하세요.

가

나

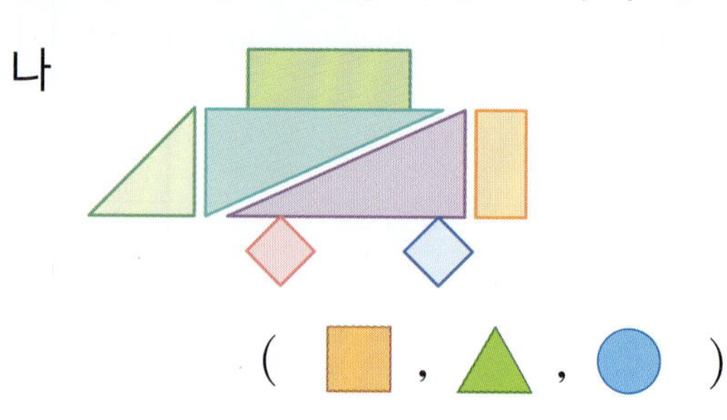

(■ , ▲ , ●)

≫ 정답 및 풀이 **21**쪽

04-1 〔변형〕 ■, ▲, ● 모양 중 두 모양을 만드는 데 공통으로 사용한 모양에 ○표 하고, 모두 몇 개를 사용했는지 구하세요.

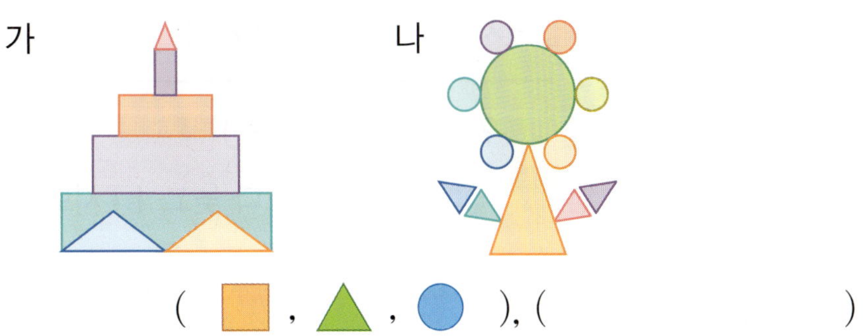

(■ , ▲ , ●), (　　　　　　　)

04-2 〔변형〕 ■, ▲, ● 모양 중 두 모양을 만드는 데 공통으로 사용한 모양에 ○표 하고, 모두 몇 개를 사용했는지 구하세요.

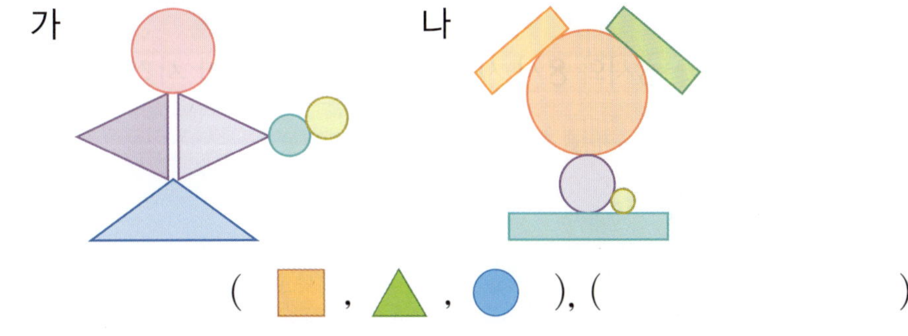

(■ , ▲ , ●), (　　　　　　　)

04-3 〔발전〕 ■, ▲, ● 모양 중 두 모양을 만드는 데 공통으로 사용하지 <u>않은</u> 모양에 ×표 하고, 몇 개를 사용했는지 구하세요.

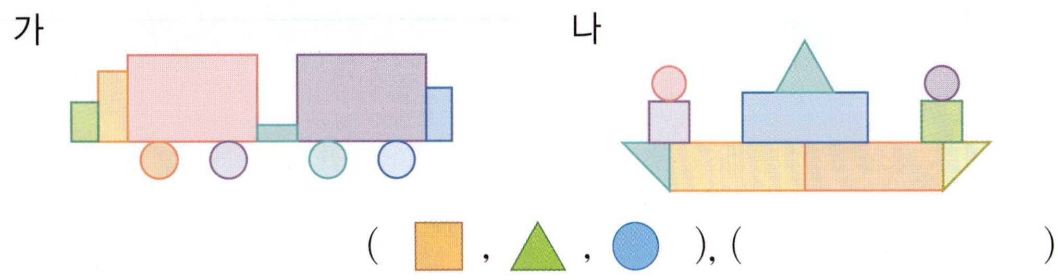

(■ , ▲ , ●), (　　　　　　　)

●시와 ■시 사이 시각은 ●시보다 늦고 ■시보다 빠르다.

유형 솔루션

• 9시와 11시 사이의 시각

9시 ──→ 9시 30분 ──→ 10시 ──→ 10시 30분 ──→ 11시

9시보다 늦고 11시보다 빠른 시각입니다.

대표 유형 05

조건 을 모두 만족하는 시각을 구하세요.

조건
• 긴바늘은 12를 가리킵니다.
• 6시와 8시 사이의 시각입니다.

풀이

❶ 긴바늘이 12를 가리키면 (몇 시 , 몇 시 30분)입니다.

❷ 6시와 8시 사이의 시각 중 몇 시인 시각은 ☐ 시입니다.

답 ____________

예제 조건 을 모두 만족하는 시각을 구하세요.

조건
• 긴바늘은 6을 가리킵니다.
• 3시와 4시 사이의 시각입니다.

(   )

05-1 변형

조건 을 모두 만족하는 시각을 구하세요.

> 조건
> - 8시와 11시 사이의 시각입니다.
> - 긴바늘은 6을 가리킵니다.
> - 10시보다 늦은 시각입니다.

(   )

05-2 변형

조건 을 모두 만족하는 시각을 구하세요.

> 조건
> - 6시와 10시 사이의 시각입니다.
> - 긴바늘은 12를 가리킵니다.
> - 8시보다 빠른 시각입니다.

(   )

05-3 발전

조건 을 모두 만족하는 시각을 시계에 나타내 보세요.

> 조건
> - 3시와 7시 사이의 시각입니다.
> - 긴바늘은 12를 가리킵니다.
> - 5시보다 늦은 시각입니다.

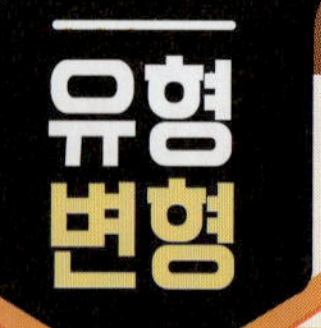

유형 변형 모양별로 사용한 개수를 세어 보자.

유형 솔루션

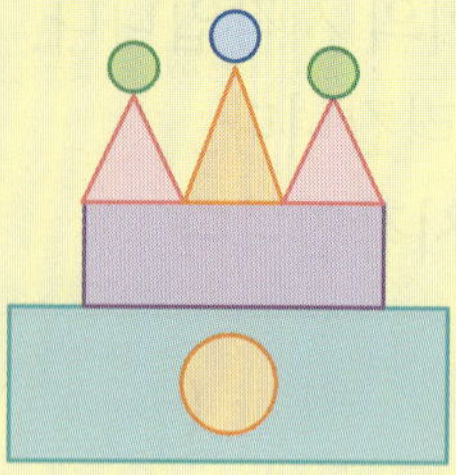

→ □ 모양: 2개, △ 모양: 3개, ○ 모양: 4개

- 가장 많이 사용한 모양: ○ 모양
- 가장 적게 사용한 모양: □ 모양

대표 유형 06

그림에서 가장 많이 사용한 모양은 △ 모양보다 몇 개 더 많이 사용했는지 구하세요.

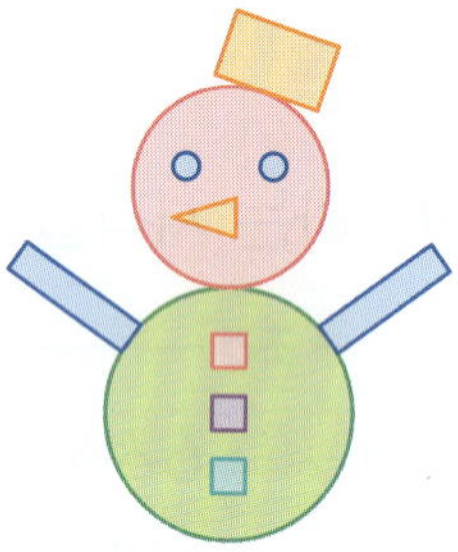

풀이

❶ □ 모양: [ ]개, △ 모양: [ ]개, ○ 모양: [ ]개

❷ 가장 많이 사용한 모양은 (□ , △ , ○) 모양이고 [ ]개 사용했으므로 △ 모양보다 [ ] − [ ] = [ ](개) 더 많이 사용했습니다.

답 ______________

예제 그림에서 가장 많이 사용한 모양은 ○ 모양보다 몇 개 더 많이 사용했는지 구하세요.

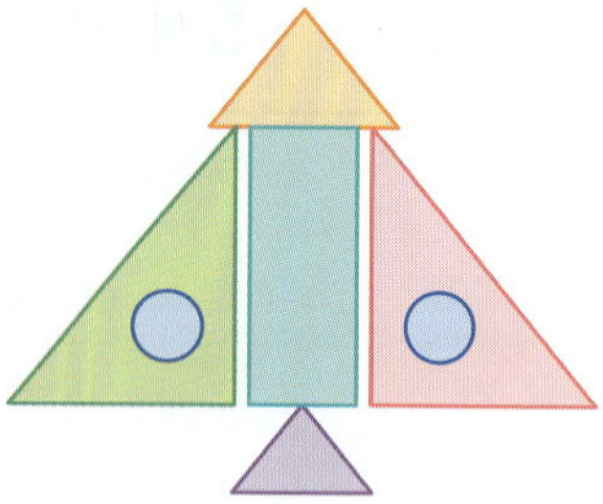

(   )

>> 정답 및 풀이 **22**쪽

06-1 변형

그림에서 가장 적게 사용한 모양은 ● 모양보다 몇 개 더 적게 사용했을까요?

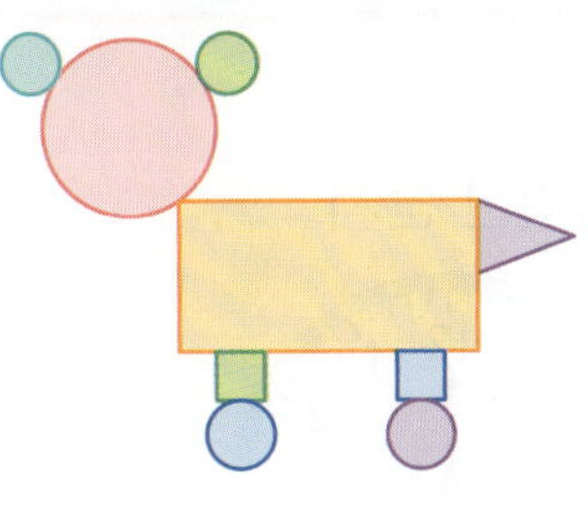

(   )

06-2 변형

🟧 모양을 더 많이 사용하여 만든 모양의 기호를 써 보세요.

가   나

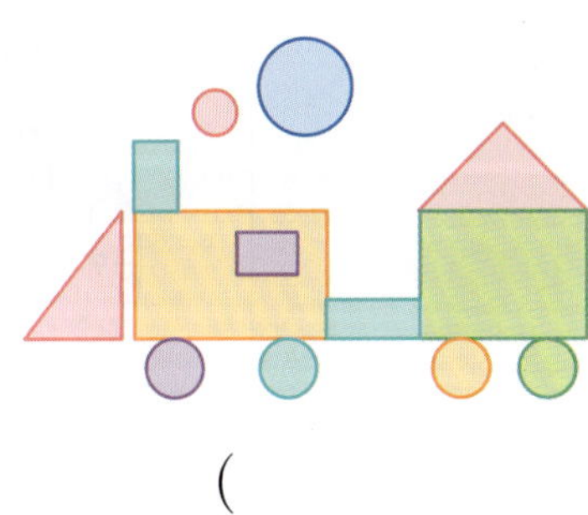

(   )

06-3 발전

수연이가 다음 모양을 만들었더니 🔺 모양이 1개 남았습니다. 수연이가 만들기 전에 가지고 있던 모양 중 가장 많은 모양은 🔺 모양보다 몇 개 더 많을까요?

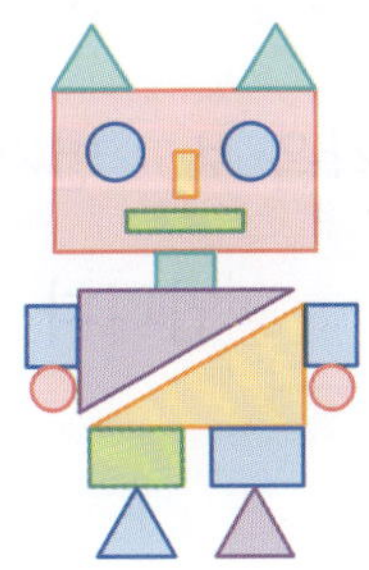

(   )

시각이 빠를수록 먼저 한 일이다.

일이 일어난 순서

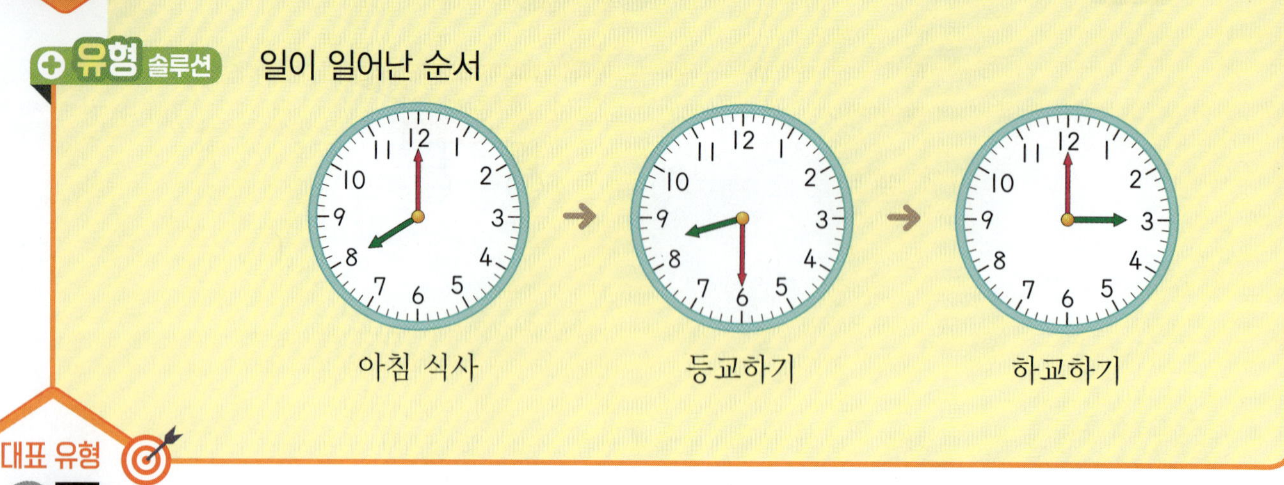

대표 유형 07

서윤이가 학교를 다녀온 후에 한 일입니다. 먼저 한 일부터 순서대로 기호를 써 보세요.

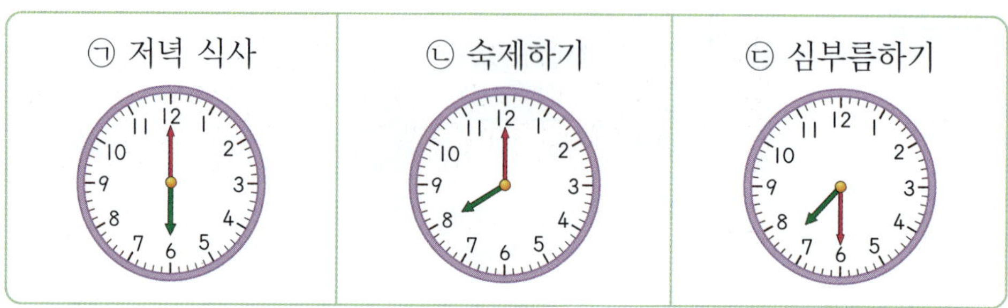

풀이

❶ 일을 한 시각을 각각 써 보면

  ㉠ 저녁 식사: ▢ 시,

  ㉡ 숙제하기: ▢ 시,

  ㉢ 심부름하기: ▢ 시 ▢ 분입니다.

❷ ❶에서 구한 시각을 보고 먼저 한 일부터 순서대로 기호를 써 보면

  ▢ , ▢ , ▢ 입니다.

답 _______________

예제 진아가 토요일 아침에 한 일입니다. 먼저 한 일부터 순서대로 ☐ 안에 1, 2, 3 을 알맞게 써넣으세요.

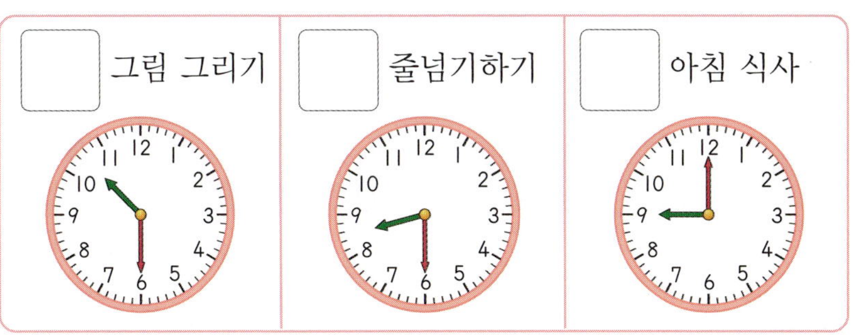

07-1
변형 루하가 점심 식사 후에 한 일입니다. 먼저 한 일부터 순서대로 ☐ 안에 1, 2, 3 을 알맞게 써넣으세요.

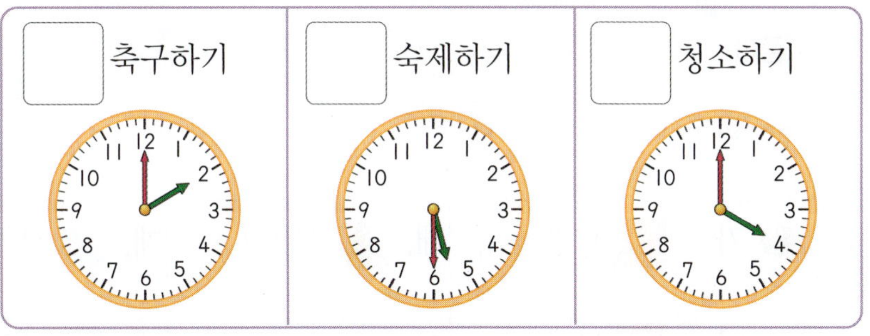

07-2
변형 우빈이네 가족이 저녁에 집에 들어온 시각입니다. 가장 늦게 집에 들어온 사람 은 누구일까요?

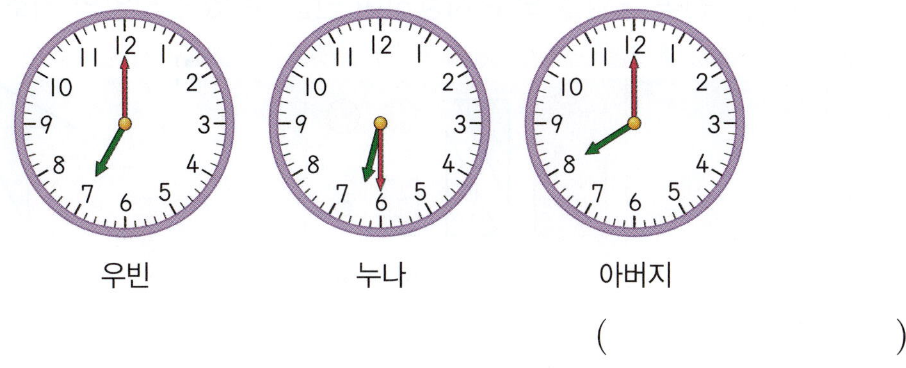

(   )

3

모양과 시각

모양별로 개수를 세어 비교해 보자.

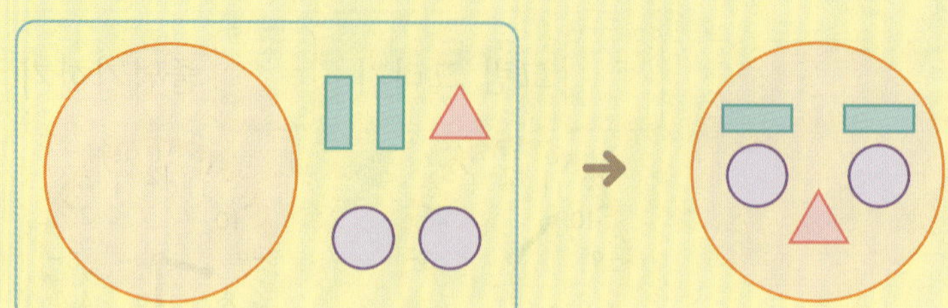

대표 유형 08

왼쪽 모양을 모두 사용하여 만들 수 있는 모양의 기호를 써 보세요.

가 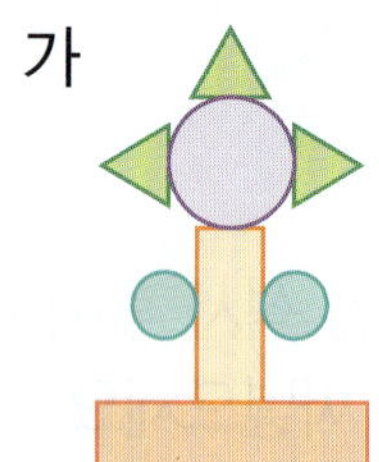　　　나 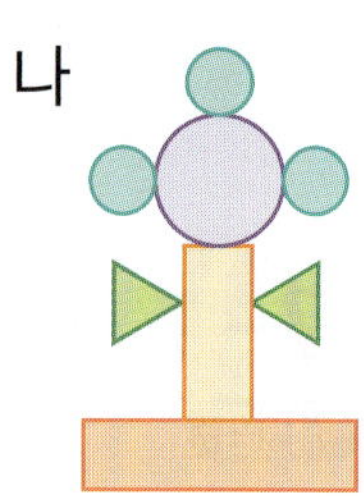

풀이

❶ 왼쪽 모양 − ▦ 모양 ☐ 개, ▲ 모양 ☐ 개, ● 모양 ☐ 개

❷ 가 − ▦ 모양 ☐ 개, ▲ 모양 ☐ 개, ● 모양 ☐ 개

　　나 − ▦ 모양 ☐ 개, ▲ 모양 ☐ 개, ● 모양 ☐ 개

❸ 왼쪽 모양을 모두 사용하여 만들 수 있는 모양: ☐

답 ______________________

예제 왼쪽 모양을 모두 사용하여 만들 수 있는 모양의 기호를 써 보세요.

가 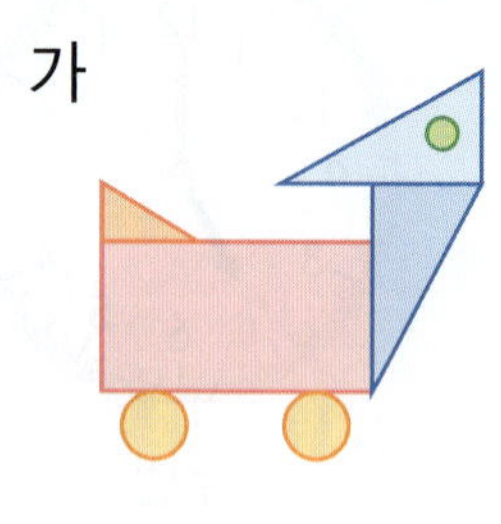　　　나 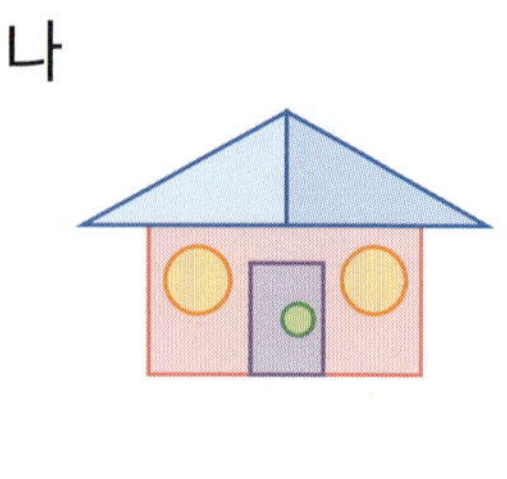

(　　　　　　　　　)

08-1 다음 모양을 만드는 데 사용하지 <u>않은</u> 모양에 ×표 하세요.
〔변형〕

08-2 ■ 모양 4개, ▲ 모양 3개를 사용하여 모양을 만든 사람은 누구인지 이름을
〔변형〕 써 보세요.

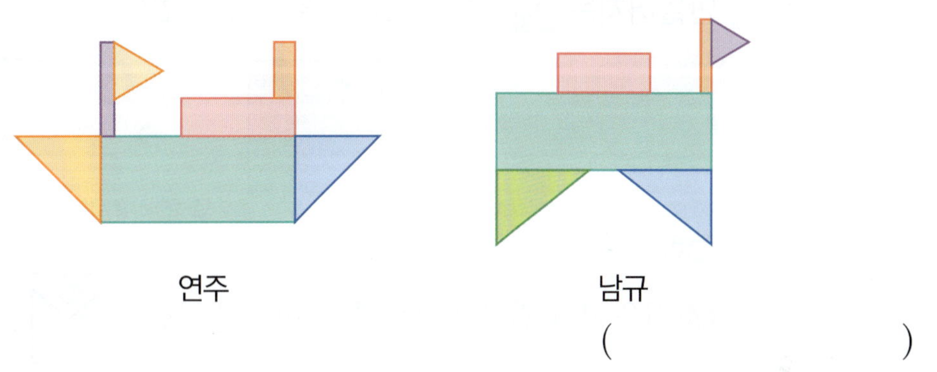

연주   남규

(   )

08-3 오른쪽 모양을 모두 사용하여 만들 수 있는 모양을 찾
〔발전〕 아 기호를 써 보세요.

가   나   다

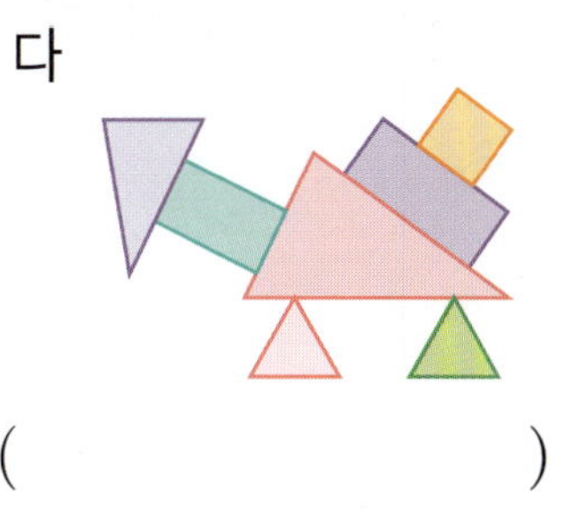

(   )

3. 모양과 시각 • **83**

접은 순서를 거꾸로 생각해 보자.

유형 솔루션

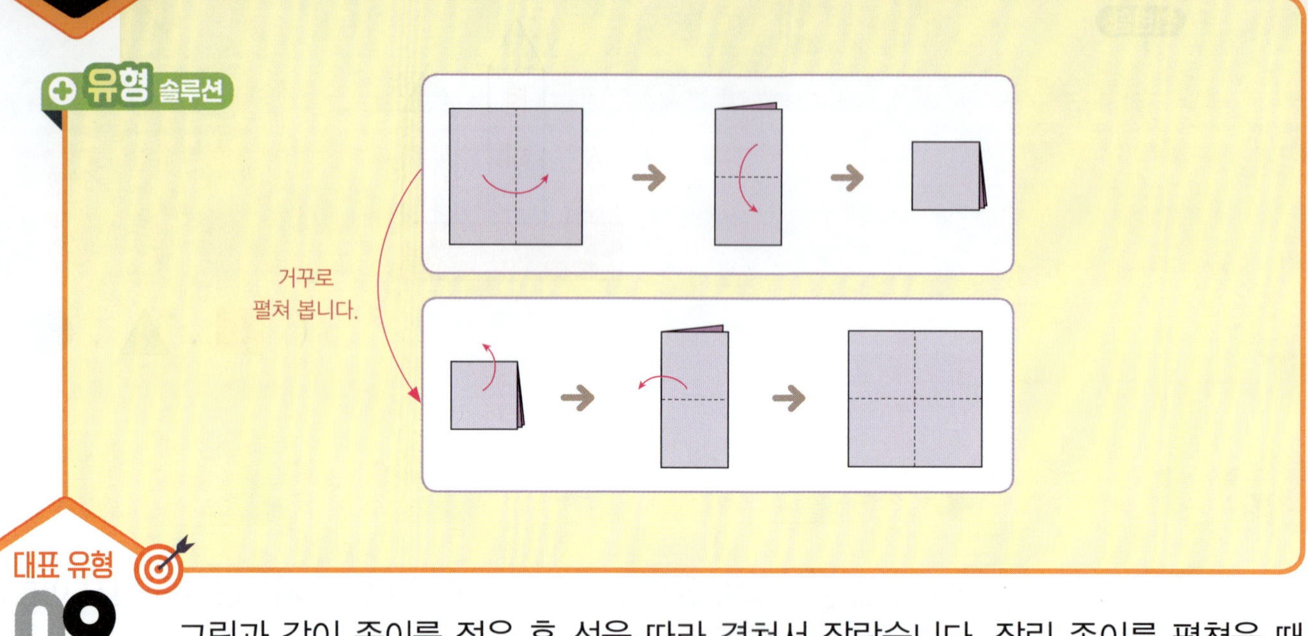

거꾸로 펼쳐 봅니다.

대표 유형 09

그림과 같이 종이를 접은 후 선을 따라 겹쳐서 잘랐습니다. 잘린 종이를 펼쳤을 때 만들어지는 ▲ 모양은 모두 몇 개일까요?

풀이

❶ 선을 따라 겹쳐서 자른 후 종이를 펼치면 ()와 같습니다.

❷ ▲ 모양은 모두 ☐ 개 만들어집니다.

답 _______________

예제 그림과 같이 종이를 접은 후 선을 따라 겹쳐서 잘랐습니다. 잘린 종이를 펼쳤을 때 만들어지는 ▲ 모양은 모두 몇 개일까요?

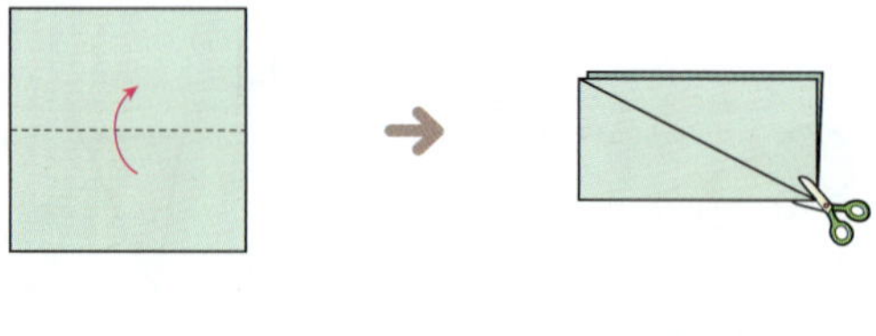

(   )

09-1 변형

그림과 같이 종이를 2번 접은 후 ⬤ 모양을 그려 잘랐습니다. 접은 종이를 펼치면 ⬤ 모양은 모두 몇 개 만들어지는지 구하세요.

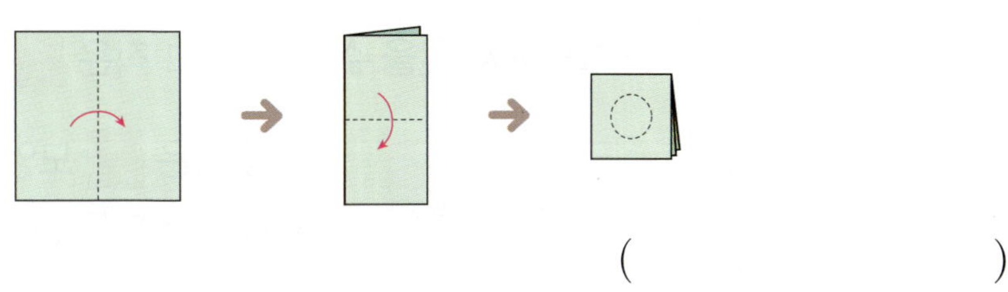

(   )

09-2 변형

그림과 같이 종이를 2번 접었다 펼쳤습니다. 접힌 선을 따라 자르면 ▲ 모양은 모두 몇 개 만들어지는지 구하세요.

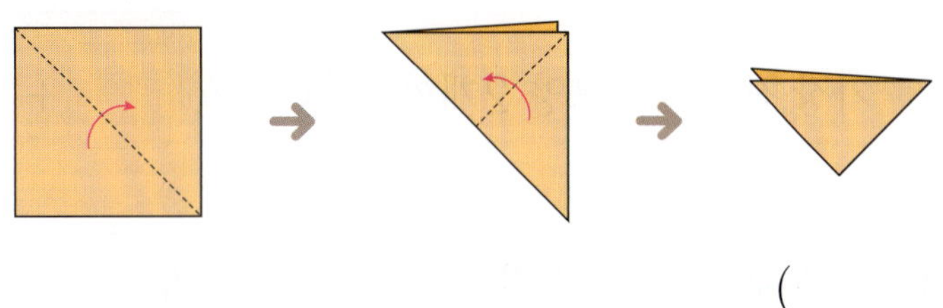

(   )

3

모양과 시각

09-3 발전

그림과 같이 종이를 3번 접은 후 펼쳐서 접힌 선을 따라 잘랐습니다. 만들어지는 모양에 ◯표 하고 모두 몇 개인지 구하세요.

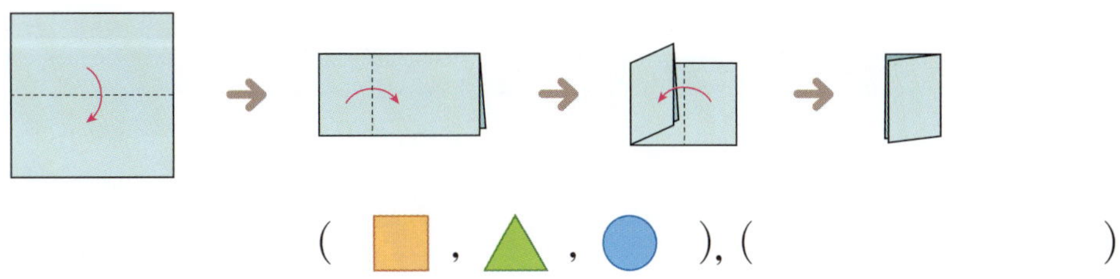

(⬛ , ▲ , ⬤), (   )

작은 모양들이 모여 큰 모양이 된다.

➕ 유형 솔루션

· 그림에서 찾을 수 있는 크고 작은 ⬛ 모양 찾기

| ① | ② |

가장 작은 ⬛ 모양 1개짜리: ①, ②
가장 작은 ⬛ 모양 2개짜리: ①+②
⎱ 2+1=3(개)

대표 유형
10

오른쪽 그림에서 찾을 수 있는 크고 작은 ⬛ 모양은 모두 몇 개인지 구하세요.

풀이

❶ 가장 작은 ⬛ 모양 1개짜리: ①, [ ], [ ] ➡ [ ]개

  가장 작은 ⬛ 모양 2개짜리: ①+②, [ ]+[ ] ➡ [ ]개

❷ 찾을 수 있는 크고 작은 ⬛ 모양은 모두 [ ]+[ ]=[ ](개)입니다.

답 ____________

예제 ✔ 오른쪽 그림에서 찾을 수 있는 크고 작은 ⬛ 모양은 모두 몇 개인시 구하세요.

( )

▶▶ 정답 및 풀이 **25**쪽

10-1
변형

그림에서 찾을 수 있는 크고 작은 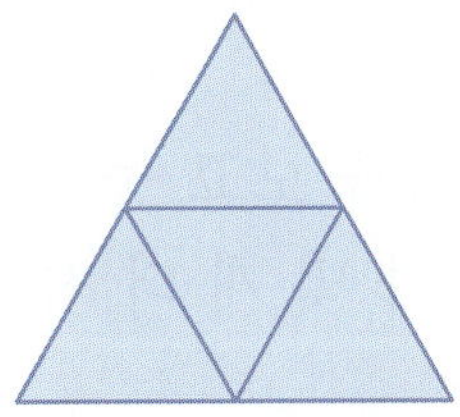 모양은 모두 몇 개인지 구하세요.

(   )

10-2
변형

그림에서 찾을 수 있는 크고 작은 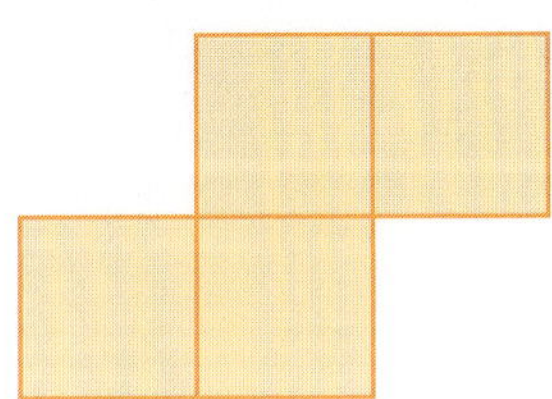 모양은 모두 몇 개인지 구하세요.

(   )

10-3
발전

그림에서 찾을 수 있는 크고 작은 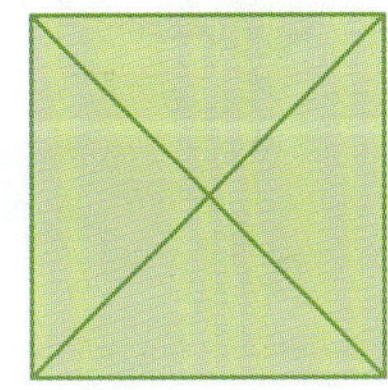 모양은 크고 작은 █ 모양보다 몇 개 더 많은지 구하세요.

(   )

🎯 대표 유형 **01**

01 벽에 걸려 있는 액자 모양을 보고 둥근 부분이 있는 모양은 뾰족한 부분이 있는 모양보다 몇 개 더 적은지 구하세요.

Tip
둥근 부분이 있는 모양은 🔵 모양이고, 뾰족한 부분이 있는 모양은 🟧 모양과 🔺 모양입니다.

풀이

답 _______________

🎯 대표 유형 **02**

02 🟧, 🔺, 🔵 모양의 색종이를 그림과 같이 겹치도록 차례대로 5장을 놓았습니다. 두 번째로 놓은 모양에 ⭕표 하세요.

Tip
가장 위에 있는 모양부터 찾아 겹쳐진 순서를 알아봅니다.

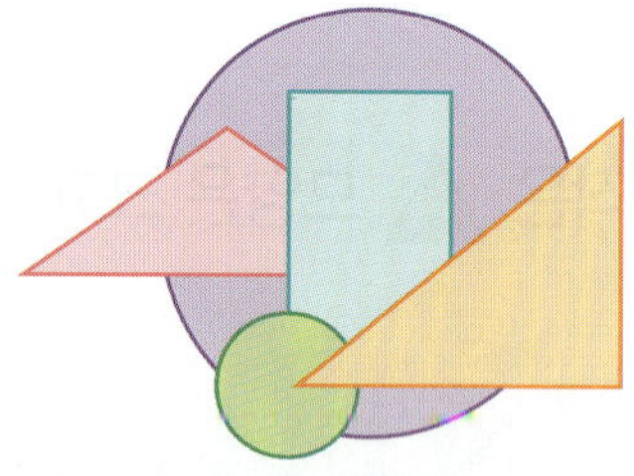

풀이

답 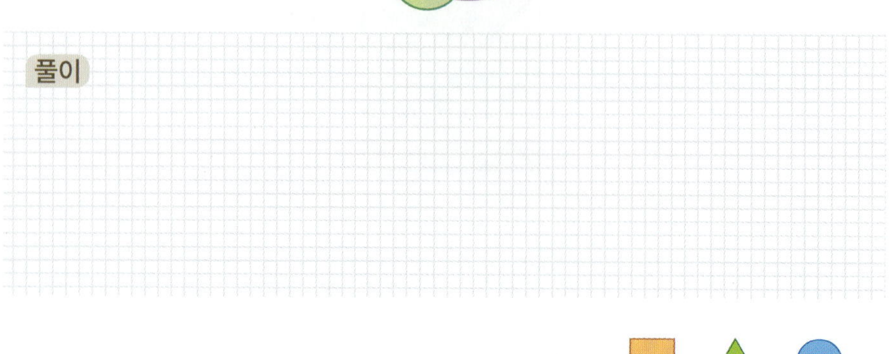

🎯 대표 유형 **03**

03 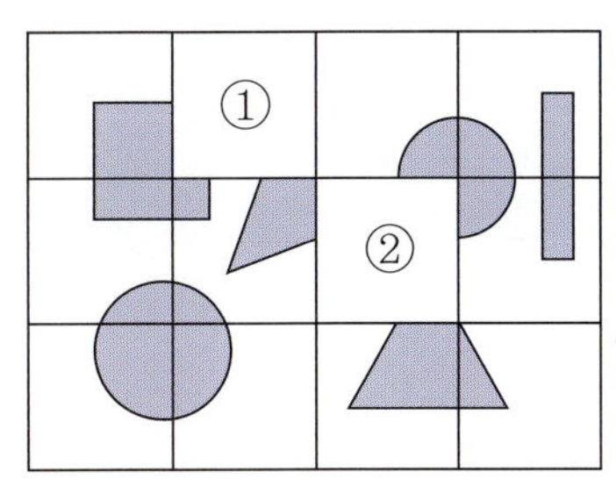, 🔺, 🔵 모양이 그려진 퍼즐의 ①과 ②에 알맞은 퍼즐 조각을 각각 찾아 기호를 써 보세요.

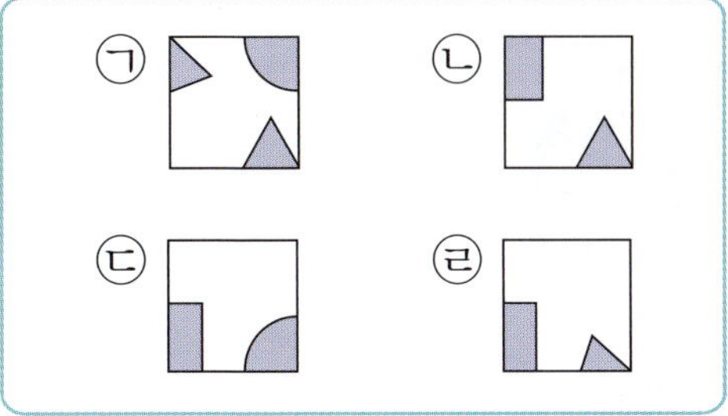

> **Tip**
> 맞춰진 퍼즐 조각의 특징을 보고 이어질 조각의 특징을 생각합니다.

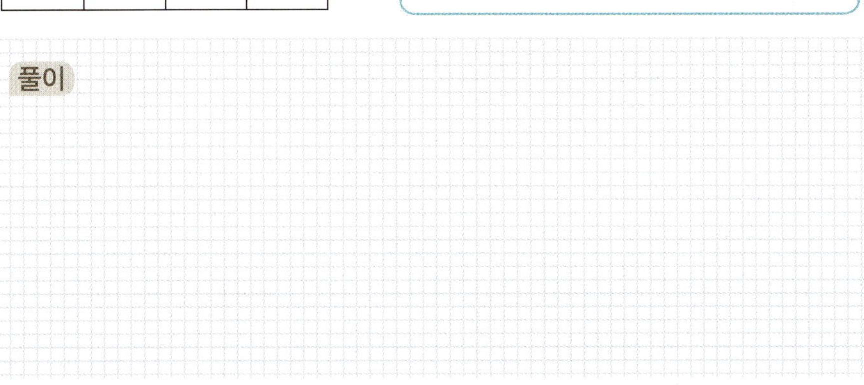

풀이

답 ①: ______________, ②: ______________

3

모양과 시각

🎯 대표 유형 **05**

04 조건 을 모두 만족하는 시각을 시계에 나타내 보세요.

조건
- 4시와 8시 사이의 시각입니다.
- 긴바늘은 12를 가리킵니다.
- 6시보다 늦은 시각입니다.

> **Tip**
> 긴바늘이 12를 가리키면 몇 시를 나타냅니다.

풀이

05 시온이네 가족이 저녁에 집에 들어온 시각입니다. 집에 일찍
들어온 사람부터 순서대로 써 보세요.

풀이

답 ___________________________

06 ⬛ 모양 **4**개, ▲ 모양 **2**개, ⬤ 모양 **3**개를 사용하여 만든
모양을 찾아 기호를 써 보세요.

Tip

각 모양별로 ∨, ×, / 등의 표
시를 하여 빠뜨리지 않도록 세
어 봅니다.

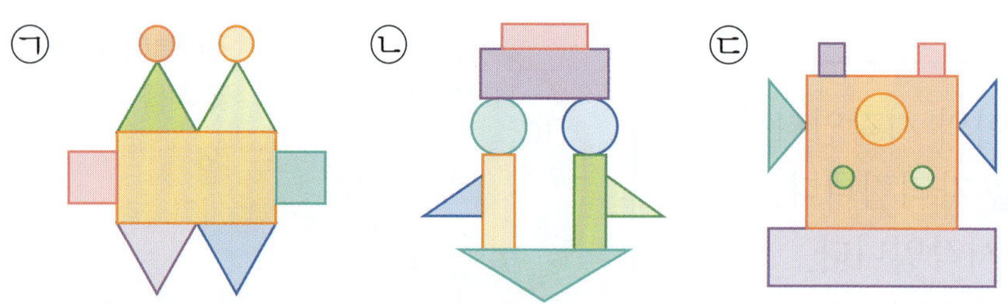

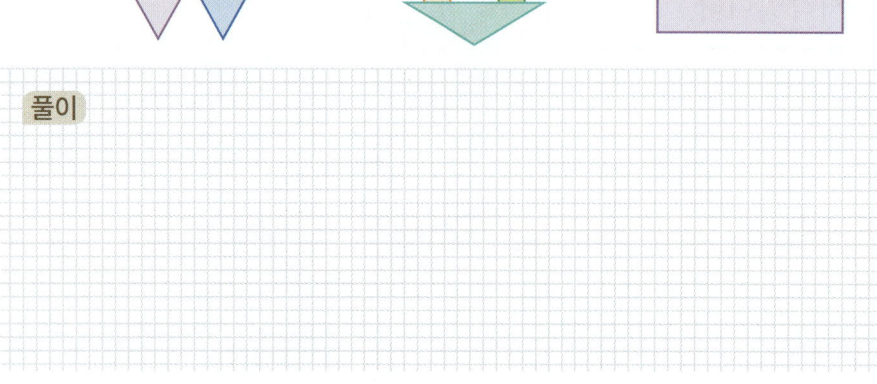

풀이

답 ___________________________

>> 정답 및 풀이 26쪽

대표 유형 09

07 그림과 같이 종이를 2번 접은 후 선을 따라 겹쳐서 잘랐습니다. ㉠, ㉡에 알맞은 수를 각각 구하세요.

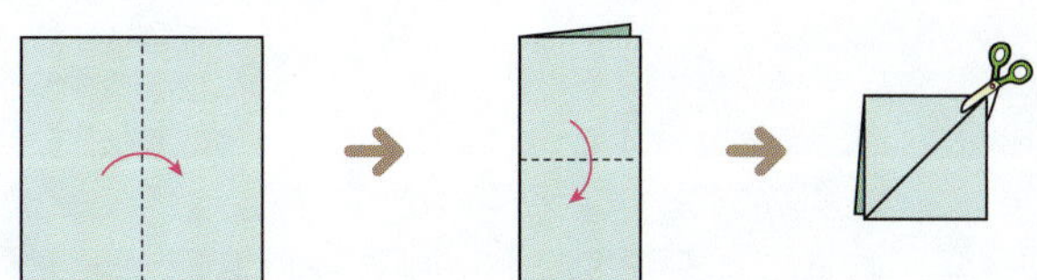

잘린 종이를 펼치면 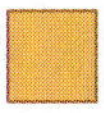 모양은 ㉠개, 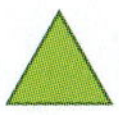 모양은 ㉡개 만들어집니다.

풀이

답 ㉠: ____________, ㉡: ____________

대표 유형 10

08 ★ 표시된 부분을 포함하는 크고 작은 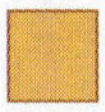 모양은 모두 몇 개인지 구하세요.

Tip
★ 표시된 부분을 반드시 포함해야 합니다.

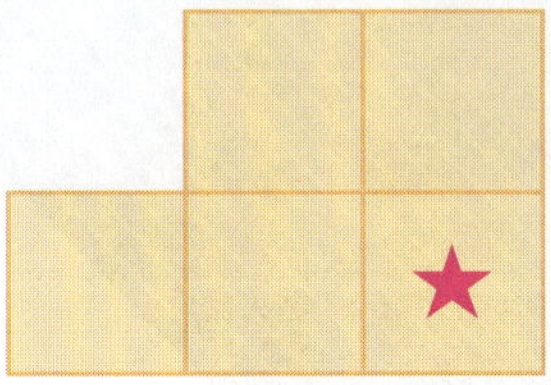

풀이

답 ____________

4

덧셈과 뺄셈 (2)

덧셈하기

● 9+6의 계산

방법1 9에 1을 더해서 10을 만들어 계산하기

$$9+6=15$$
$$1\quad 5$$

$$9+6=9+1+5=10+5=15$$

① 6을 1과 5로 가르기 하여 9와 1을 더해 10을 먼저 만듭니다.
② 10과 남은 5를 더하면 15가 됩니다.

방법2 6에 4를 더해서 10을 만들어 계산하기

$$9+6=15$$
$$5\quad 4$$

$$9+6=5+4+6=5+10=15$$

① 9를 5와 4로 가르기 하여 6과 4를 더해 10을 먼저 만듭니다.
② 10과 남은 5를 더하면 15가 됩니다.

방법3 5와 5를 더하여 10을 만들어 계산하기

$$9 + 6$$
$$5\quad 4\quad 5\quad 1$$

$$9+6=5+4+5+1=10+4+1=15$$

① 9를 5와 4로 가르기 하고 6을 5와 1로 가르기 하여 5와 5를 더해
  10을 만듭니다.
② 10과 남은 4와 1을 더하면 15가 됩니다.

01 ☐ 안에 알맞은 수를 써넣으세요.

(1) $8 + 7$
$2\quad \boxed{}$

$8+7=\boxed{}$

(2) $8 + 7$
$\boxed{}\quad 3$

$8+7=\boxed{}$

(3) $8 \quad + \quad 7$
$5\quad \boxed{}\quad 5\quad \boxed{}$

$8+7=\boxed{}$

>> 정답 및 풀이 **27**쪽

02 ☐ 안에 알맞은 수를 써넣으세요.

(1) $4+7=\boxed{}+10=\boxed{}$

$\boxed{}\quad 3$

(2) $3+9=\boxed{}+10=\boxed{}$

$\boxed{}\quad 1$

03 ☐ 안에 알맞은 수를 써넣으세요.

(1) $3+8=1+\boxed{}+8=1+\boxed{}=\boxed{}$

(2) $6+8=4+\boxed{}+8=4+\boxed{}=\boxed{}$

(3) $9+7=5+\boxed{}+5+\boxed{}=10+\boxed{}=\boxed{}$

활용 개념 **1** 덧셈에서 규칙 찾기

같은 수에 1씩 커지는 수를 더하면 합도 1씩 커집니다.

$7+4=11$
$7+5=12$
$7+6=13$
$7+7=14$

두 수를 서로 바꾸어 더해도 합은 같습니다.

$9+5=14$
$5+9=14$

$8+4=12$
$4+8=12$

04 덧셈을 하세요.

(1) $6+6=\boxed{}$

$6+7=\boxed{}$

$6+8=\boxed{}$

$6+9=\boxed{}$

(2) $6+5=\boxed{}$

$5+6=\boxed{}$

$9+4=\boxed{}$

$4+9=\boxed{}$

뺄셈하기

교과서 개념

● 13−5의 계산

방법 1 13에서 3을 먼저 빼고 남은 2를 빼서 계산하기

$13-5=8$

　3　2

$13-5=13-3-2=10-2=8$

① 5를 3과 2로 가르기 하여 13에서 3을 먼저 빼면 10이 됩니다.
② 10에서 남은 2를 빼면 8이 됩니다.

방법 2 13을 10과 3으로 가르기 하여 10에서 5를 한 번에 빼서 계산하기

$13-5=8$

10　3

$13-5=10+3-5=10-5+3=8$

① 13을 10과 3으로 가르기 하여 10에서 5를 한 번에 뺍니다.
② 남은 5에 3을 더하면 8이 됩니다.

01 ☐ 안에 알맞은 수를 써넣으세요.

(1) $12-7=10-\boxed{}=\boxed{}$

　2　$\boxed{}$

(2) $13-9=10-\boxed{}=\boxed{}$

　3　$\boxed{}$

02 ☐ 안에 알맞은 수를 써넣으세요.

(1) $12-8=12-\boxed{}-6=\boxed{}-6=\boxed{}$

(2) $11-6=11-\boxed{}-5=\boxed{}-5=\boxed{}$

03 ☐ 안에 알맞은 수를 써넣으세요.

(1) $14-6=10-6+\boxed{}=\boxed{}$

$10 \quad \boxed{}$

(2) $11-7=10-7+\boxed{}=\boxed{}$

$10 \quad \boxed{}$

04 ☐ 안에 알맞은 수를 써넣으세요.

(1) $12-3=10+2-3=10-3+\boxed{}=7+\boxed{}=\boxed{}$

(2) $11-5=10+1-5=10-5+\boxed{}=5+\boxed{}=\boxed{}$

활용 개념 1 뺄셈에서 규칙 찾기

같은 수에서 1씩 작아지는 수를 빼면 차는 1씩 커집니다.

$$14-9=5$$
$$14-8=6 \quad +1$$
$$14-7=7 \quad +1$$
$$14-6=8 \quad +1$$

빼지는 수와 빼는 수가 모두 1씩 커지면 차가 같습니다.

$$13-5=8$$
$$14-6=8$$
$$15-7=8$$
$$16-8=8$$

05 뺄셈을 하세요.

(1) $15-9=\boxed{}$

$15-8=\boxed{}$

$15-7=\boxed{}$

$15-6=\boxed{}$

(2) $14-5=\boxed{}$

$15-6=\boxed{}$

$16-7=\boxed{}$

$17-8=\boxed{}$

계산식을 만들어 모르는 수를 구해 보자.

◯ 안의 두 수의 합이 ☐ 안의 수가 되도록 빈칸 채우기

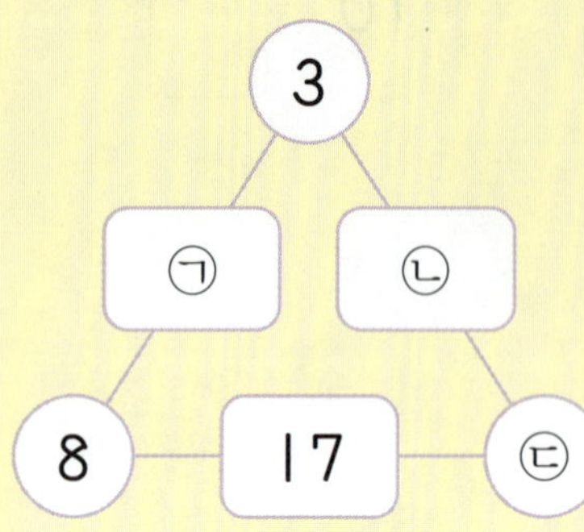

① 3+8=㉠ ➡ ㉠=11
② 8+㉢=17, 17−8=㉢ ➡ ㉢=9
③ 3+㉢=㉡에서 ㉢=9이므로
   3+9=㉡ ➡ ㉡=12

대표 유형 01

오른쪽 그림에서 ◯ 안의 두 수의 합이 ☐ 안의 수가 되도록 ㉠, ㉡, ㉢에 알맞은 수를 구하세요.

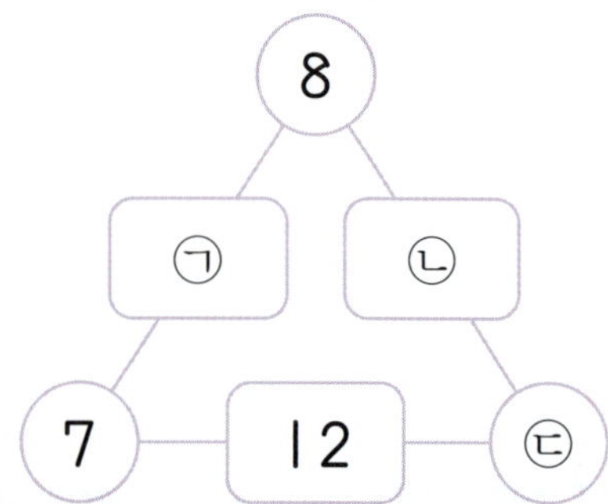

풀이

❶ 8+7=㉠ ➡ ㉠=☐

❷ 7+㉢=12, 12−7=㉢ ➡ ㉢=☐

❸ 8+㉢=㉡에서 ㉢=☐ 이므로 8+☐=㉡ ➡ ㉡=☐

답 ㉠: _______ , ㉡: _______ , ㉢: _______

◯ 안의 두 수의 합이 ☐ 안의 수가 되도록 빈칸에 알맞은 수를 써넣으세요.

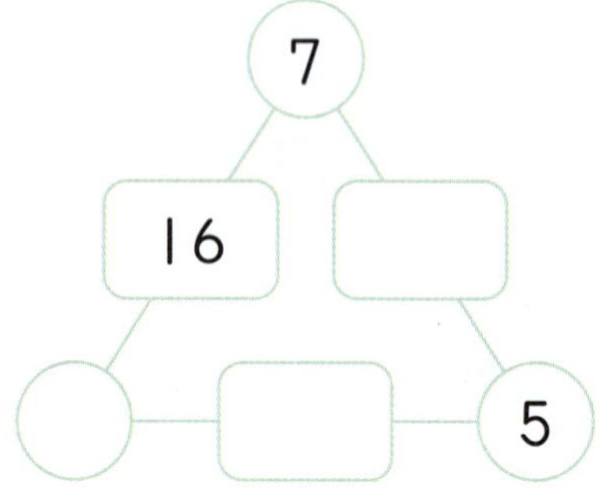

01-1 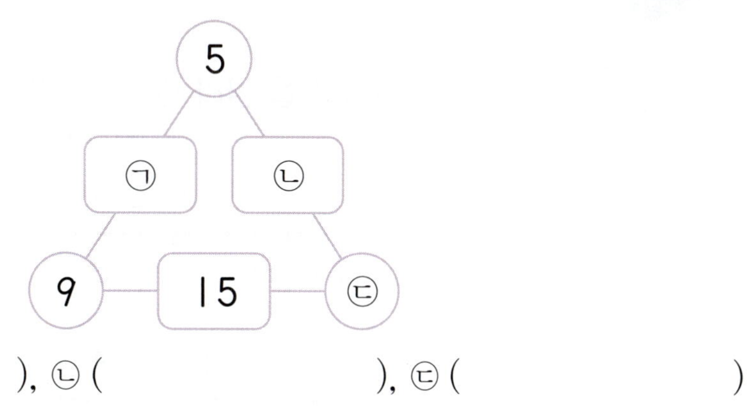

◯ 안의 두 수의 합이 ⬜ 안의 수가 되도록 ㉠, ㉡, ㉢에 알맞은 수를 구하세요.

㉠ (　　　　　　　), ㉡ (　　　　　　　), ㉢ (　　　　　　　)

01-2

◯ 안의 두 수의 합이 ⬜ 안의 수가 되도록 ㉢에 알맞은 수를 구하세요.

(　　　　　　　)

01-3

◯ 안의 두 수의 합이 ⬜ 안의 수가 되도록 빈칸에 알맞은 수를 써넣으세요.

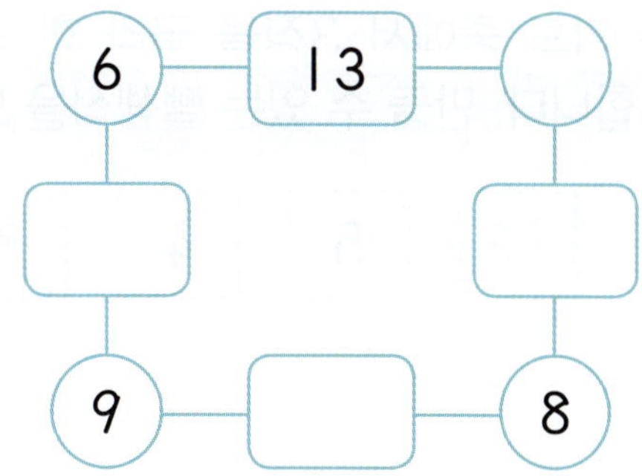

큰 수에서 작은 수를 빼서 뺄셈식을 만들어 보자.

+ 유형 솔루션 4장 중 3장을 골라 만들 수 있는 뺄셈식

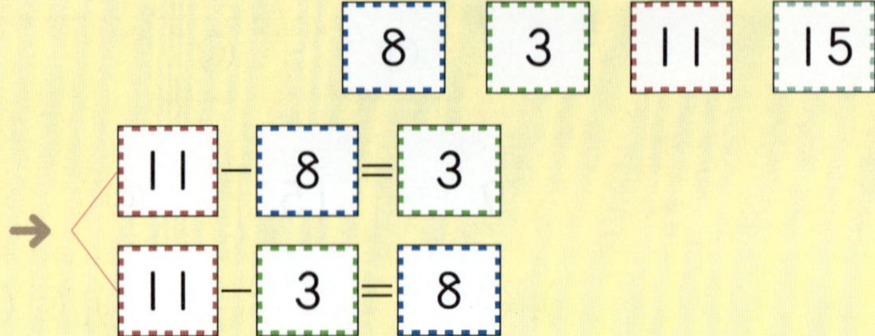

대표 유형 02

4장의 수 카드 중에서 3장을 골라 한 번씩만 사용하여 오른쪽과 같은 뺄셈식을 만들려고 합니다. 만들 수 있는 뺄셈식을 모두 써 보세요.

| 15 | 8 | 7 | 6 |

$\square - \square = \square$

풀이

❶ 빼지는 수와 빼는 수에 수 카드를 놓아 뺄셈식을 만들면

$15-8=\boxed{}$, $15-7=\boxed{}$, $15-6=\boxed{}$, $8-7=\boxed{}$,

$8-6=\boxed{}$, $7-6=\boxed{}$

❷ 따라서 수 카드로 만들 수 있는 뺄셈식은 $15-8=\boxed{}$, $15-\boxed{}=8$입니다.

답 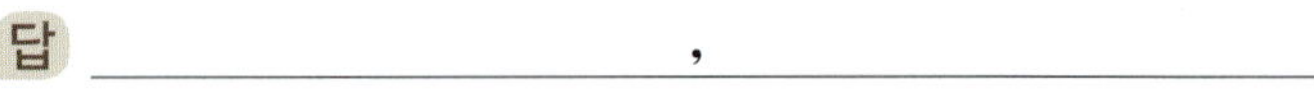 ,

예제 ✔ 4장의 수 카드 중에서 3장을 골라 한 번씩만 사용하여 오른쪽과 같은 뺄셈식을 만들려고 합니다. 만들 수 있는 뺄셈식을 모두 써 보세요.

| 13 | 5 | 4 | 8 |

$\square - \square = \square$

(   ), (   )

02-1
변형

4장의 수 카드 중 3장을 골라 한 번씩만 사용하여 오른쪽과 같은 뺄셈식을 만들려고 합니다. 이때 사용하지 않는 수 카드에 적힌 수를 구하세요.

6 8 11 5

□ − □ = □

(   )

02-2
변형

4장의 수 카드 중 3장을 골라 한 번씩만 사용하여 오른쪽과 같은 뺄셈식을 만들려고 합니다. 차가 가장 큰 뺄셈식을 만들었을 때 그 차를 구하세요.

7 13 6 4

□ − □ = □

(   )

02-3
발전

4장의 수 카드 중 2장을 골랐더니 고른 두 수의 합은 14이고, 두 수의 차는 4였습니다. 고른 두 수 카드에 적힌 수를 구하세요.

8 5 9 6

(   )

첫 번째 식에서 모양이 나타내는 수를 먼저 구하자.

유형 솔루션

$$\cdot\ 11 - \bullet = 5$$
$$\cdot\ \bullet + 8 = \blacklozenge$$

① ●에 알맞은 수를 먼저 구합니다.
→ $11 - 5 = 6$이므로 ●$=6$입니다.
② $6 + 8 = 14$ → $\blacklozenge = 14$

대표 유형 03

같은 모양은 같은 수를 나타냅니다. ◆에 알맞은 수를 구하세요.

$$\cdot\ 16 - \bullet = 9$$
$$\cdot\ \bullet + 5 = \blacklozenge$$

풀이

❶ $16 - \bullet = 9$에서 ●$= 16 - 9$이므로 ●$=\boxed{}$입니다.

❷ $\bullet + 5 = \blacklozenge$에서 $\boxed{} + 5 = \blacklozenge$이므로 $\blacklozenge = \boxed{}$입니다.

답 ________________

예제 같은 모양은 같은 수를 나타냅니다. ♥에 알맞은 수를 구하세요.

$$\cdot\ 9 + \blacktriangle = 14$$
$$\cdot\ \blacktriangle + 7 = \heartsuit$$

(   )

03-1 같은 모양은 같은 수를 나타냅니다. ●와 ◆에 알맞은 수의 합을 구하세요.
변형

$$\cdot\ 13-\text{●}=7$$
$$\cdot\ \text{●}+3=\text{◆}$$

(   )

03-2 같은 모양은 같은 수를 나타냅니다. ■와 ♥ 사이에 있는 수는 모두 몇 개인지
변형 구하세요.

$$\cdot\ 6+\text{■}=9$$
$$\cdot\ 8+\text{■}=\text{♥}$$

(   )

03-3 같은 모양은 같은 수를 나타냅니다. ★에 알맞은 수를 구하세요.
발전

$$\cdot\ \text{■}+\text{■}=14$$
$$\cdot\ \text{■}-5=\text{★}-2$$

(   )

4

덧셈과 뺄셈 (2)

두 수의 합을 구하자.

◆ 유형 솔루션 다음 수 중에서 9와 더하여 합이 14보다 큰 수 찾기

2 3 5 6

$9+2=11<14, 9+3=12<14, 9+5=14, 9+6=15>14$

대표 유형 04

수가 적힌 구슬을 2개 꺼냈을 때 구슬에 적힌 두 수의 합이 왼쪽 수보다 크게 하려고 합니다. 재민이는 두 번째에 어떤 수가 적힌 구슬을 꺼내야 할까요?

12

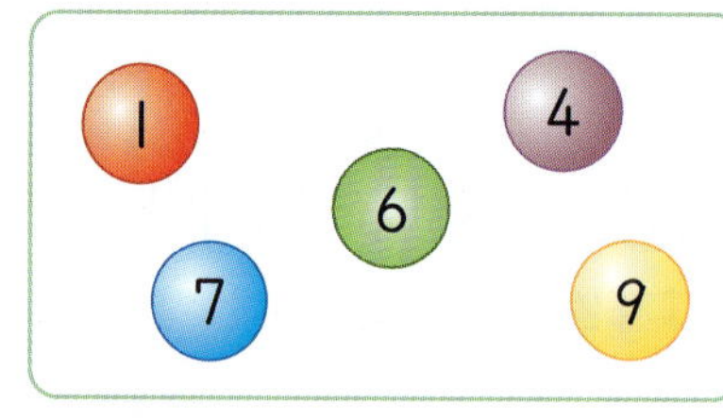

풀이

❶ $5+1=\boxed{}$, $5+4=\boxed{}$, $5+6=\boxed{}$,

$5+7=\boxed{}$, $5+9=\boxed{}$

❷ $\boxed{}>12$이므로 재민이는 두 번째에 $\boxed{}$가 적힌 구슬을 꺼내야 합니다.

답 ____________

예제 수가 적힌 구슬을 2개 꺼냈을 때 구슬에 적힌 두 수의 합이 왼쪽 수보다 크게 하려고 합니다. 하음이는 두 번째에 어떤 수가 적힌 구슬을 꺼내야 할까요?

11

(   )

>> 정답 및 풀이 **30**쪽

04-1 〔변형〕 수가 적힌 구슬을 2개씩 꺼냈을 때 채이가 꺼낸 구슬에 적힌 두 수의 합이 주아보다 크게 하려고 합니다. 채이는 어떤 수가 적힌 구슬을 꺼내야 할까요?

주아: 　　채이: 

(　　　　　　　　　　)

04-2 〔변형〕 수가 적힌 구슬을 2개씩 꺼냈을 때 서아가 꺼낸 구슬에 적힌 두 수의 합이 아린이보다 크게 하려고 합니다. 서아는 어떤 수가 적힌 구슬을 꺼내야 할까요?

아린: 　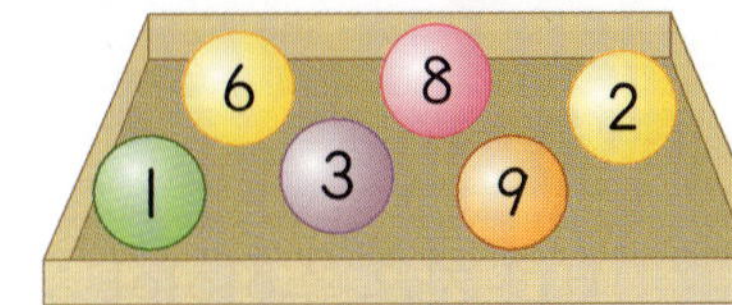　서아:

(　　　　　　　　　　)

04-3 〔발전〕 수가 적힌 구슬을 2개씩 꺼냈을 때 윤우가 꺼낸 구슬에 적힌 두 수의 합이 주희보다 크게 하려고 합니다. 윤우가 꺼낸 경우를 모두 써 보세요.

주희: 　윤우: 

(　　　　　　　　), (　　　　　　　　)

계산할 수 있는 것을 먼저 하고 크기를 비교하자.

➕유형 솔루션

1부터 9까지의 수 중에서 ●에 들어갈 수 있는 수

$$1+5>●$$

$$\downarrow$$

$$6>●$$

●는 6보다 작은 수이어야 하므로 1, 2, 3, 4, 5입니다.

대표 유형 05 

■에 들어갈 수 있는 수 중에서 가장 큰 수를 구하세요.

$$6+7>■$$

풀이

❶ $6+7=\boxed{}$ → $\boxed{}>■$

❷ ■는 $\boxed{}$ 보다 작은 수이어야 하므로 12, 11, 10, …이고 이 중에서

가장 큰 수는 $\boxed{}$ 입니다.

답 ___________

예제✓ ■에 들어갈 수 있는 수 중에서 가장 작은 수를 구하세요.

$$■>9+3$$

(   )

05-1 변형

■에 들어갈 수 있는 수 중에서 가장 큰 수를 구하세요.

$$15-8>■$$

(   )

05-2 변형

■에 들어갈 수 있는 수를 모두 구하세요.

$$13-5<■<8+6$$

(   )

05-3 발전

| 부터 9까지의 수 중에서 ■에 들어갈 수 있는 수를 모두 구하세요.

$$5+9<8+■$$

(   )

문제를 읽고 이해하여 식으로 나타내자.

유형 솔루션

주머니에 들어 있는 구슬 15개 중에서 8개를 꺼냈습니다. 남은 구슬은
몇 개일까요?

　　　　　　　　　　　　15　　　　　　　　−8

→ (남은 구슬 수)=15−8=7(개)

대표 유형
06

상자 안에 들어 있는 빵 11개 중에서 7개를 먹었습니다. 남은 빵은 몇 개일까요?

풀이

❶ 전체 빵 수 11에서 먹은 빵 수 ☐을 빼면 남은 빵 수가 됩니다.

❷ 식으로 나타내고 답을 구하면

(남은 빵 수)=11−☐=☐(개)입니다.

답 _______________

예제 봉지에 들어 있는 사탕 14개 중에서 6개를 먹었습니다. 남은 사탕은 몇 개일까요?

(　　　　　　　　　)

>> 정답 및 풀이 **31**쪽

06-1
변형
해율이는 파란색 색종이 4장과 노란색 색종이 8장을 가지고 있습니다. 해율이가 가지고 있는 색종이는 모두 몇 장일까요?

(   )

06-2
변형
봉지 안에 들어 있는 과자 17개 중에서 몇 개를 먹었더니 8개가 남았습니다. 먹은 과자는 몇 개일까요?

(   )

06-3
발전
혜지와 민주가 가지고 있는 색연필의 수는 같습니다. 혜지는 빨간색 색연필 7자루와 파란색 색연필 8자루를 가지고 있습니다. 민주가 빨간색 색연필 9자루를 가지고 있다면 나머지 색연필은 몇 자루 가지고 있을까요?

(   )

모두 얼마인지 구하고 크기를 비교하자.

	사탕	초콜릿	합계
주원	6개	7개	13개
규성	7개	5개	12개

13>12이므로 사탕과 초콜릿이 더 많은 사람은 주원입니다.

윤후의 접시에는 사과 8개, 귤 3개가 있고 선우의 접시에는 사과 7개, 귤 6개가 있습니다. 누구의 접시에 있는 과일이 더 많을까요?

풀이

❶ 윤후의 접시에 있는 과일: 8+□=□(개)

❷ 선우의 접시에 있는 과일: 7+□=□(개)

❸ □<□이므로 □의 접시에 있는 과일이 더 많습니다.
　윤후　　선우

답 _______________

예제 민규는 고구미 7개와 당근 5개를 캤고 시우는 고구마 9개와 딩근 4개를 캤습니다. 고구마와 당근을 더 많이 캔 사람은 누구일까요?

(　　　　　)

>> 정답 및 풀이 **31**쪽

07-1 영재와 주연이의 윗몸 말아 올리기 개수를 나타낸 것입니다. 윗몸 말아 올리기
변형 의 개수의 합이 더 많은 사람은 누구일까요?

	I회	2회
영재	8개	8개
주연	9개	6개

(   )

07-2 지후는 오이 I3개 중에서 7개를 먹었고 시은이는 I4개 중에서 5개를 먹었
변형 습니다. 남은 오이가 더 많은 사람은 누구일까요?

(   )

07-3 퀴즈 대회에서 주희, 윤아, 민규가 얻은 점수를 나타낸 것입니다. 점수의 합이
발전 가장 높은 사람은 누구일까요?

	주희	윤아	민규
I회	7점	8점	6점
2회	7점	9점	9점

(   )

실전 적용

대표 유형 01

01 ◯ 안의 두 수의 합이 ▭ 안의 수가 되도록 빈칸에 알맞은 수를 써넣으세요.

풀이

Tip
4와 더해서 13이 되는 수를 찾아봅니다.

대표 유형 05

02 ■에 들어갈 수 있는 수 중에서 가장 큰 수를 구하세요.

$14-6>■$

풀이

답 ________________

Tip
계산할 수 있는 식을 먼저 계산해 봅니다.

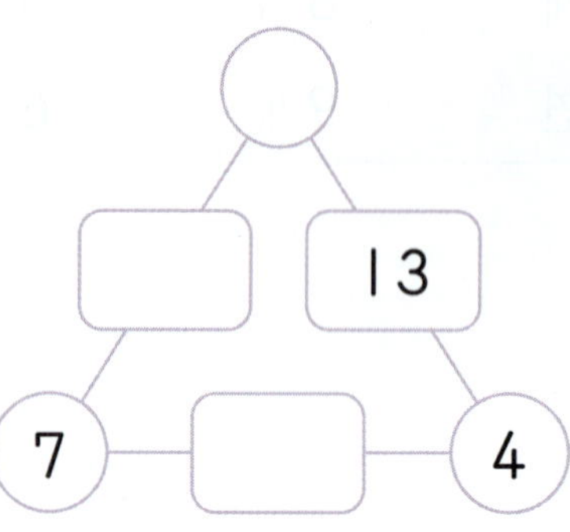

◎ 대표 유형 **03**

03 ●와 ▼에 알맞은 수의 합을 구하세요.

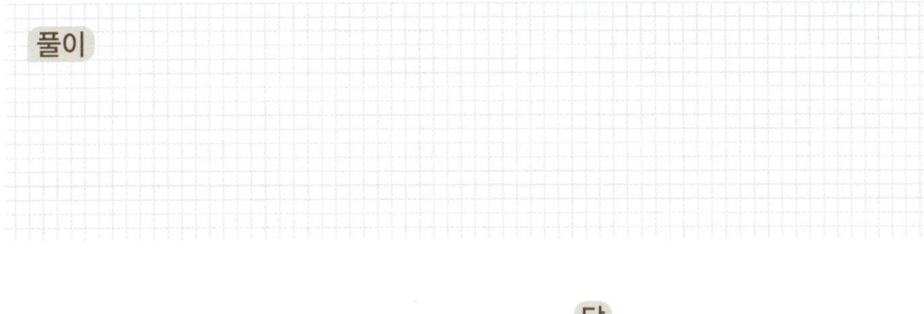

풀이

답 ___________________

Tip
●와 ▼가 나타내는 수를 먼저 구해 봅니다.

◎ 대표 유형 **06**

04 찹쌀떡 14개 중에서 6개를 먹었습니다. 남은 찹쌀떡은 몇 개일까요?

풀이

답 ___________________

Tip
문제 상황에 알맞은 식을 세워 봅니다.

◎ 대표 유형 **06**

05 주말 농장에서 민지는 고구마 8개와 감자 9개를 캤습니다. 민지가 캔 고구마와 감자는 모두 몇 개일까요?

풀이

답 ___________________

4

덧셈과 뺄셈 (2)

🎯 대표 유형 04

06 수가 적힌 구슬을 2개씩 꺼냈을 때 윤하가 꺼낸 구슬에 적힌 두 수의 합이 예음이보다 크게 하려고 합니다. 윤하는 어떤 수가 적힌 구슬을 꺼내야 할까요?

Tip
예음이가 꺼낸 구슬에 적힌 두 수의 합보다 크려면 3에 어떤 수를 더해야 할지 찾아봅니다.

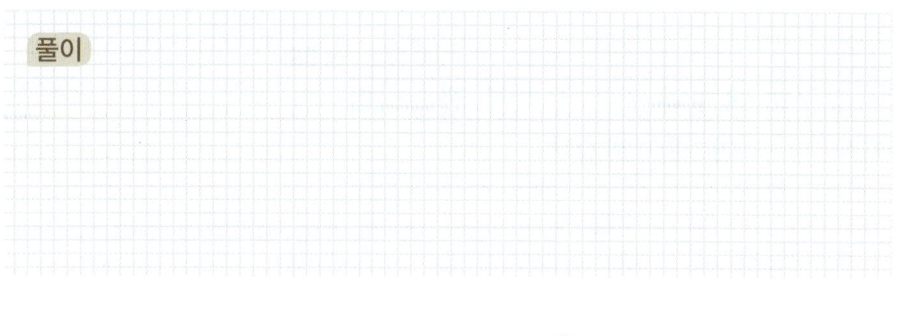

풀이

답 _______________

🎯 대표 유형 06

07 지민이와 혜주가 가지고 있는 구슬의 수는 같습니다. 지민이는 빨간색 구슬 7개와 파란색 구슬 5개를 가지고 있습니다. 혜주가 빨간색 구슬 9개를 가지고 있다면 나머지 구슬은 몇 개 가지고 있을까요?

풀이

답 _______________

🎯 **대표 유형 07**

08 재호와 유경이가 일주일 동안 읽은 책 수를 나타낸 것입니다. 일주일 동안 읽은 동화책과 과학책 수의 합이 더 많은 사람은 누구일까요?

	동화책	과학책
재호	8권	7권
유경	5권	9권

풀이

답 _______________

🎯 **대표 유형 02**

09 4장의 수 카드 중 **3**장을 골라 한 번씩만 사용하여 오른쪽과 같은 뺄셈식을 만들려고 합니다. 차가 가장 큰 뺄셈식을 만들었을 때 그 차를 구하세요.

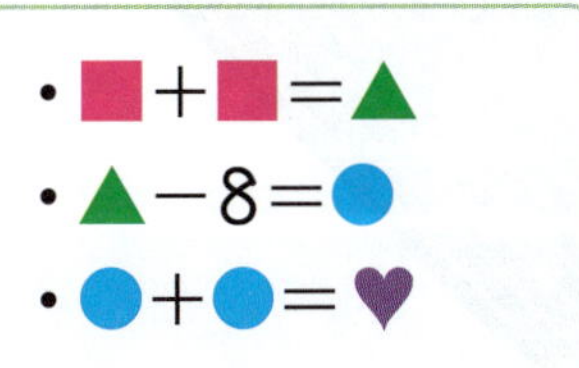

$$\square - \square = \square$$

풀이

답 _______________

🎯 **대표 유형 03**

10 같은 모양은 같은 수를 나타냅니다. ■가 **7**일 때, ♥에 알맞은 수를 구하세요.

Tip
■가 있는 첫 번째 식부터 차례대로 계산해 봅니다.

- ■ + ■ = ▲
- ▲ − 8 = ●
- ● + ● = ♥

풀이

답 _______________

4
덧셈과 뺄셈 (2)

5

규칙 찾기

규칙 찾기

● **규칙에 알맞게 그려 보기**

반복되는 부분을 묶거나 /으로 표시하면 규칙을 찾기 쉬워요.

🟢, 🔴 이 반복되는 규칙입니다.

[**01~03**] 규칙에 따라 빈칸에 알맞은 그림을 그려 보세요.

01

02

03

• 규칙에 따라 무늬를 완성할 때 완성한 무늬에서 보라색 칸 수 구하기

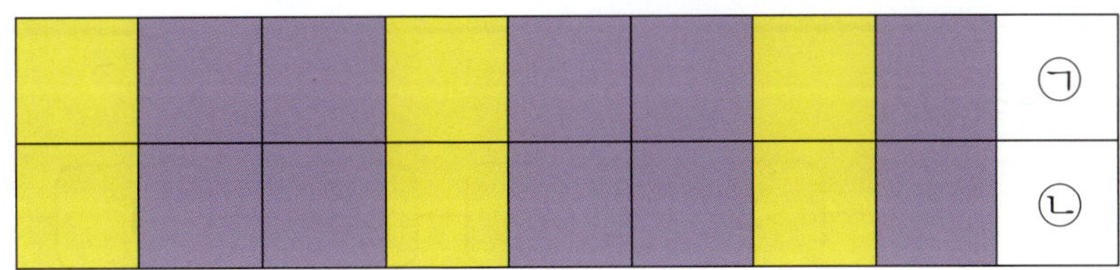

규칙 노란색, 보라색, 보라색이 반복됩니다.

➜ ㉠, ㉡에 보라색을 칠해야 하므로 완성한 무늬에서 보라색은 모두 12칸입니다.

04 규칙에 따라 무늬를 완성할 때 완성한 무늬에서 ◆ 는 모두 몇 개일까요?

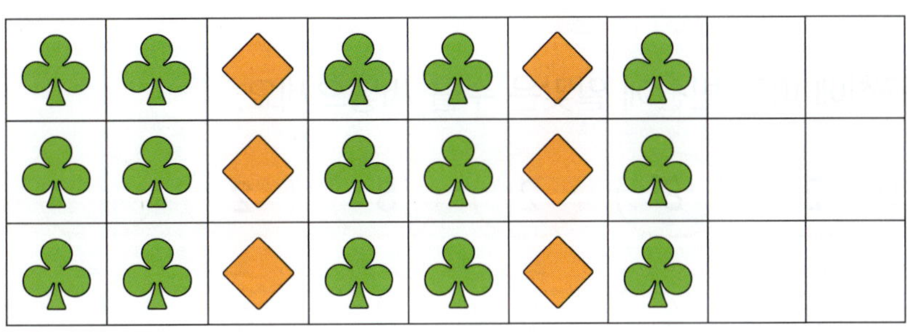

( )

05 규칙에 따라 무늬를 완성할 때 완성한 무늬에서 ● 는 ■ 보다 몇 개 더 많을까요?

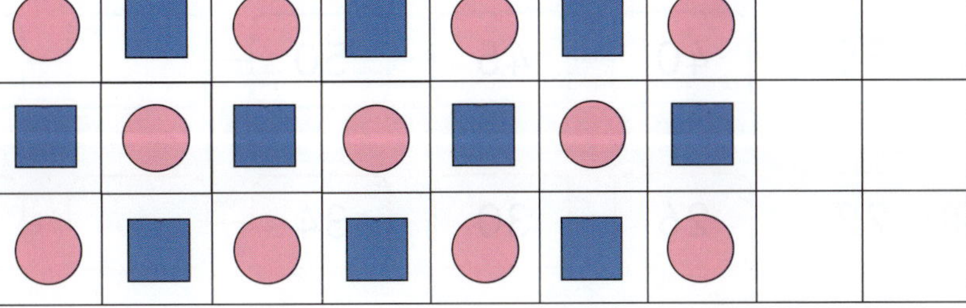

( )

수 배열에서 규칙 찾기

교과서 개념

● 수 배열에서 규칙 찾기

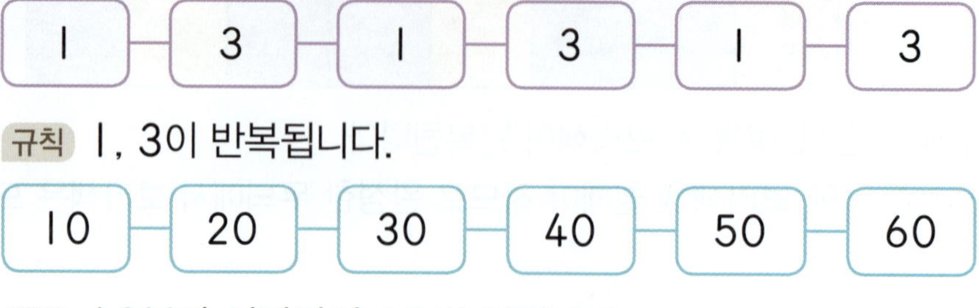

| 1 | 3 | 1 | 3 | 1 | 3 |

규칙 1, 3이 반복됩니다.

| 10 | 20 | 30 | 40 | 50 | 60 |

규칙 10부터 시작하여 10씩 커집니다.

---

01 규칙에 따라 빈칸에 알맞은 수를 써넣으세요.

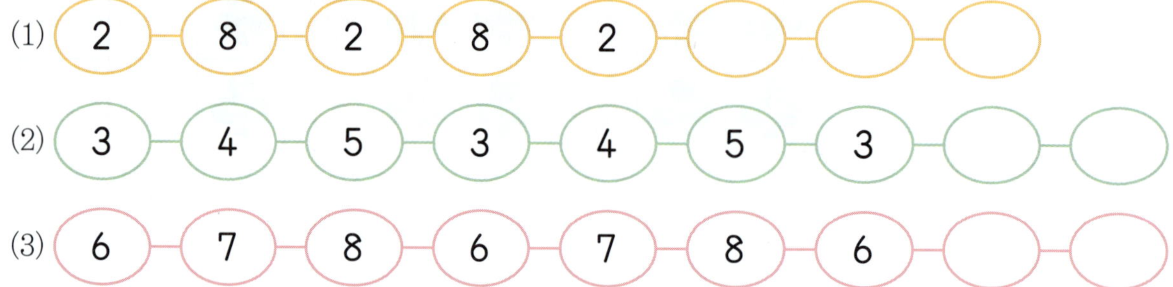

(1) 2 — 8 — 2 — 8 — 2 — ◯ — ◯ — ◯

(2) 3 — 4 — 5 — 3 — 4 — 5 — 3 — ◯ — ◯

(3) 6 — 7 — 8 — 6 — 7 — 8 — 6 — ◯ — ◯

---

02 규칙에 따라 빈칸에 알맞은 수를 써넣으세요.

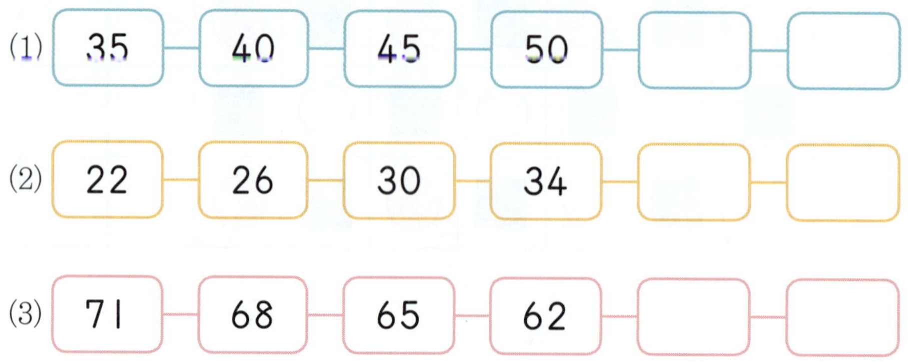

(1) 35 — 40 — 45 — 50 — ☐ — ☐

(2) 22 — 26 — 30 — 34 — ☐ — ☐

(3) 71 — 68 — 65 — 62 — ☐ — ☐

활용 개념 1 규칙을 찾은 후 ㉠에 알맞은 수 구하기

- 보기 와 같은 규칙으로 수를 배열할 때 ㉠에 알맞은 수 구하기

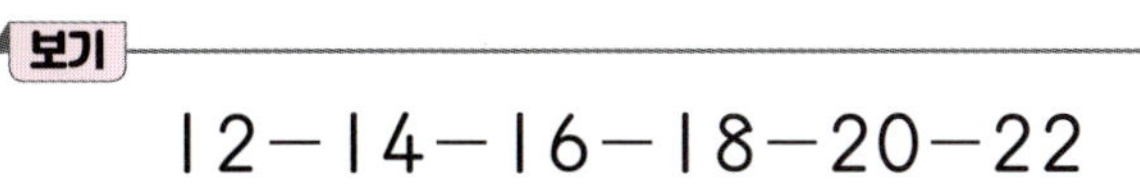

보기 는 2씩 커지는 규칙이고 34 — 36 — 38 — 40 — 42 — 44이므로
㉠=40입니다.

03 54부터 보기 와 같은 규칙으로 수를 배열하려고 합니다. ㉠에 알맞은 수는 얼마일까
요?

보기
32 — 35 — 38 — 41 — 44 — 47

54   60   ㉠

(   )

04 62부터 보기 와 같은 규칙으로 수를 배열하려고 합니다. ㉠에 알맞은 수는 얼마일까
요?

62   ㉠

(   )

규칙을 수로 어떻게 나타냈는지 알아보자.

➕ **유형** 솔루션

2	5	5	2	5	5	2	5	5

말로 설명하기 가위, 보, 보가 반복됩니다.

수로 나타내기 가위는 2, 보는 5로 나타냈으므로 2, 5, 5가 반복됩니다.

대표 유형
01

규칙에 따라 빈칸에 알맞은 수를 써넣으세요.

5	0	5	5	0				

풀이

❶ 　, 　, 　가 반복되는 규칙입니다.

❷ 　는 ☐, 　는 ☐(으)로 나타냈으므로 5, ☐, ☐이/가 반복됩니다.

예제 ✔ 규칙에 따라 빈칸에 알맞은 수를 써넣으세요.

2	4	4						

>> 정답 및 풀이 **33~34**쪽

01-1
변형

규칙에 따라 빈칸에 알맞은 그림을 그려 보세요.

01-2
변형

규칙에 따라 빈칸에 알맞은 그림을 그려 보세요.

01-3
발전

보기 의 규칙에 따라 바르게 나타낸 것의 기호를 써 보세요.

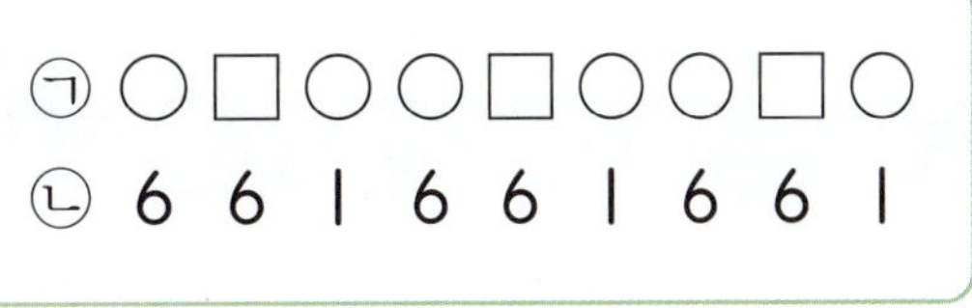

(   )

몇씩 뛰어 세었는지 알아보자.

유형 솔루션 일정한 수만큼 뛰어 세었습니다.

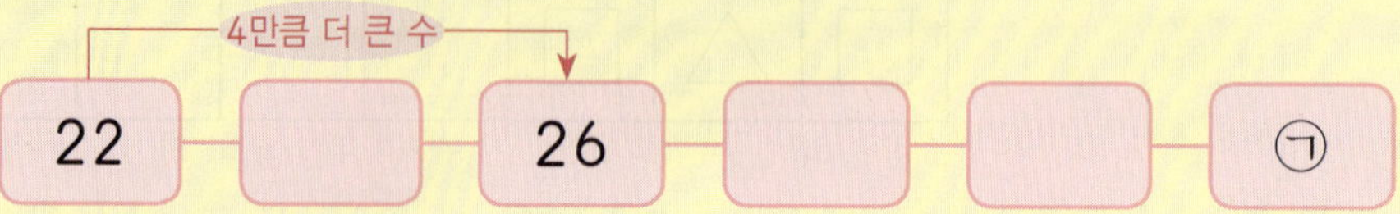

22에서 **2번 뛰어 세어** 26이 되었고 **4만큼 커졌습니다.**

→ **2씩 커지는 규칙**입니다.

→ 22−24−26−28−30−32
　　　　　　　　　　　㉠

대표 유형 02

뛰어 세기 한 규칙을 찾아 ㉠에 알맞은 수를 구하세요.

풀이

❶ 38에서 2번 뛰어 세어 48이 되었고 ☐ 만큼 커졌습니다.

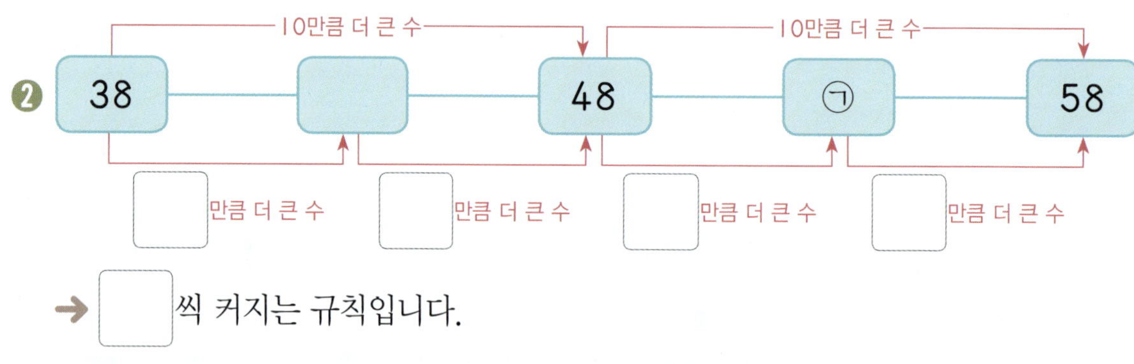

❷ → ☐ 씩 커지는 규칙입니다.

❸ ㉠에 알맞은 수는 48보다 ☐ 만큼 더 큰 수이 ☐ 입니다.

답 ______________

예제 뛰어 세기 한 규칙을 찾아 ㉠에 알맞은 수를 구하세요.

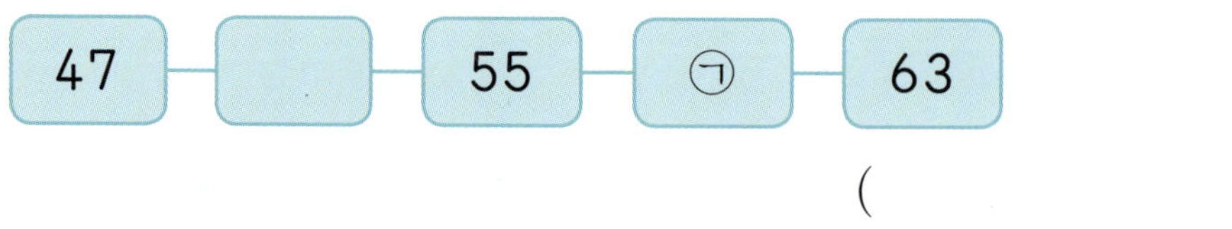

(　　　　　　　)

02-1 변형

뛰어 세기 한 규칙을 찾아 ㉠에 알맞은 수를 구하세요.

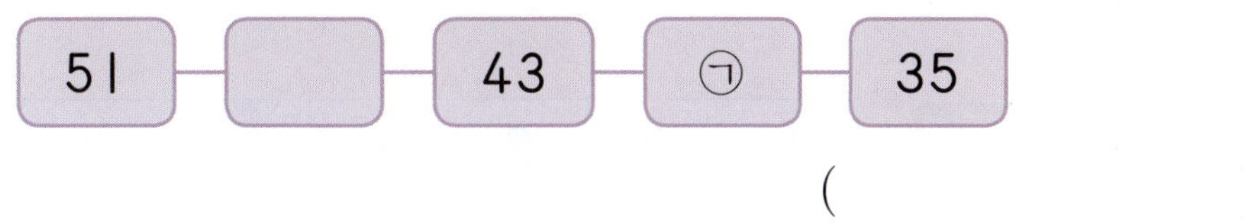

| 51 | | 43 | ㉠ | 35 |

( )

02-2 변형

뛰어 세기 한 규칙을 찾아 ㉠에 알맞은 수를 구하세요.

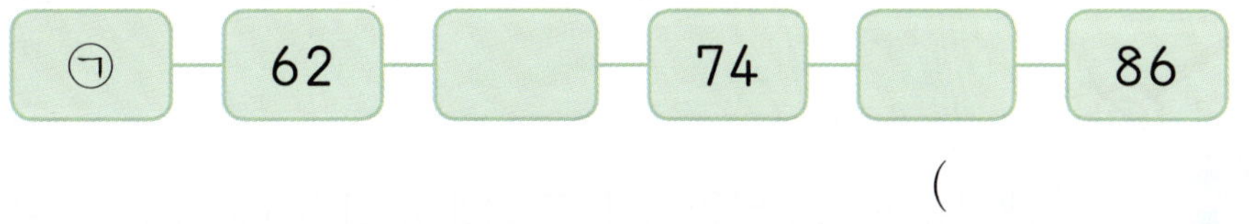

| ㉠ | 62 | | 74 | | 86 |

( )

02-3 변형

뛰어 세기 한 규칙을 찾아 ㉠과 ㉡에 알맞은 수를 각각 구하세요.

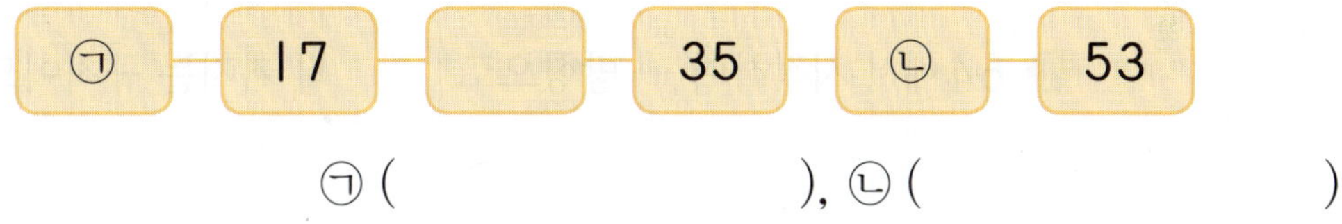

| ㉠ | 17 | | 35 | ㉡ | 53 |

㉠ ( ), ㉡ ( )

02-4 발전

뛰어 세기 한 규칙을 찾아 ㉠과 ㉡에 알맞은 수를 각각 구하세요.

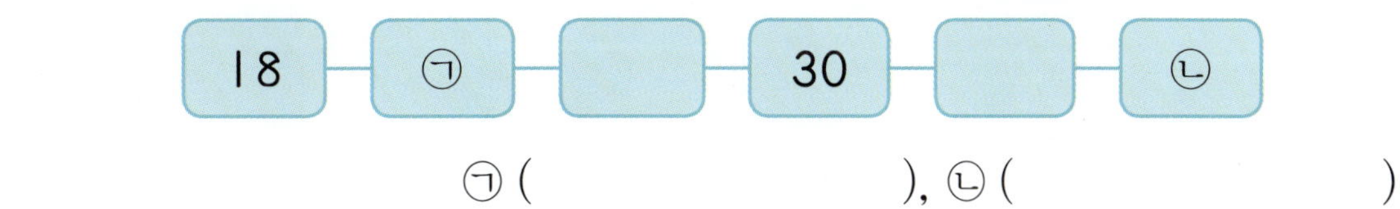

| 18 | ㉠ | | 30 | | ㉡ |

㉠ ( ), ㉡ ( )

규칙 찾기

수 배열표에서 수의 규칙을 찾아보자.

1	2	3	4	5	6	7	8	9	10
11	12	13	14	15	16	17	18	19	20
21	22	23			26	27	28		30
31	32	33					38		40
41	42	43							50

- ▭ 에 있는 수는 → 방향으로 1씩 커집니다.
- ▭ 에 있는 수는 ↓ 방향으로 10씩 커집니다.

대표 유형 03

수 배열표의 일부분입니다. 규칙에 따라 ♥에 알맞은 수를 구하세요.

64	65	66		㉠
74	75			♥

풀이

❶ 64에서 시작하여 → 방향으로 ☐ 씩 커지는 규칙이므로 ㉠ = ☐ 입니다.

❷ ㉠에서 시작하여 ↓ 방향으로 ☐ 씩 커지는 규칙이므로

㉠ ♥
☐ ─ ☐ ─ ☐ 입니다.

❸ ♥ = ☐

답 _______________

예제✔ 수 배열표의 일부분입니다. 규칙에 따라 ●에 알맞은 수를 구하세요.

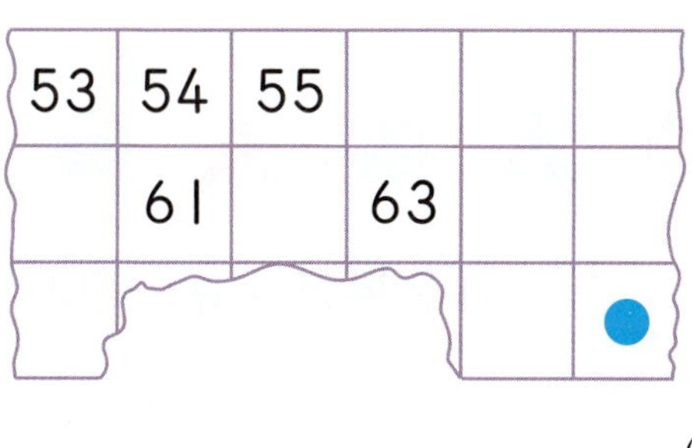

53	54	55		
	61		63	

(   )

03-1 수 배열표의 일부분입니다. 규칙에 따라 ▲와 ■에 알맞은 수를 각각 구하세요.
변형

	42	43			47
49		51		▲	
		59		■	

▲ (   ), ■ (   )

03-2 수 배열표에서 규칙에 따라 ㉠과 ㉡에 알맞은 수의 차를 구하세요.
발전

	32	33	34	35		
		43			㉠	
	㉡		55			
	62					

(   )

두 가지 규칙을 각각 찾아보자.

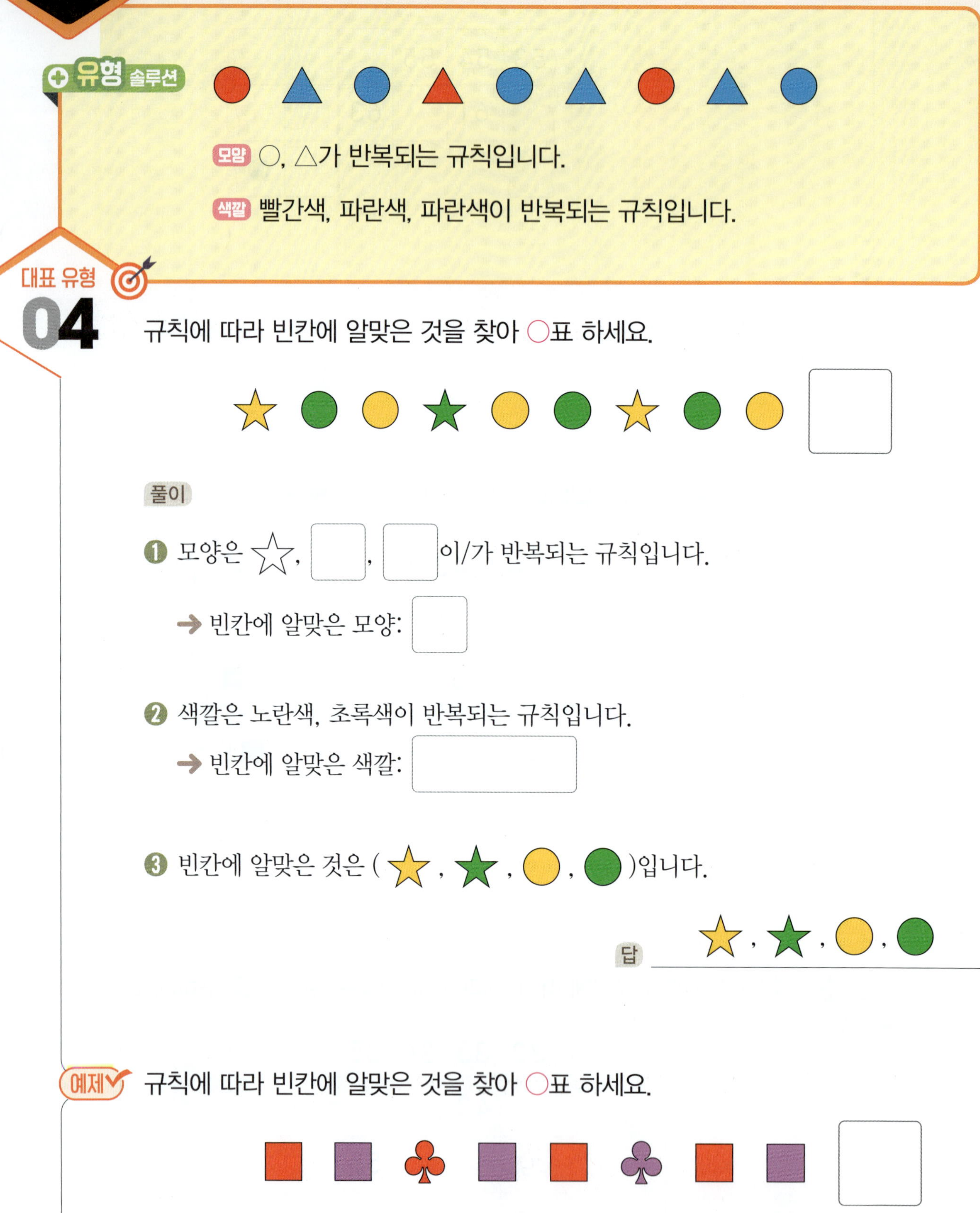

+유형 솔루션

○ △ ○ △ ○ △ ○ △ ○

모양 ○, △가 반복되는 규칙입니다.

색깔 빨간색, 파란색, 파란색이 반복되는 규칙입니다.

대표 유형
04

규칙에 따라 빈칸에 알맞은 것을 찾아 ○표 하세요.

풀이

❶ 모양은 ☆, [ ], [ ] 이/가 반복되는 규칙입니다.

→ 빈칸에 알맞은 모양: [ ]

❷ 색깔은 노란색, 초록색이 반복되는 규칙입니다.

→ 빈칸에 알맞은 색깔: [ ]

❸ 빈칸에 알맞은 것은 (☆ , ★ , ○ , ●)입니다.

답 ☆ , ★ , ○ , ●

예제 ✔ 규칙에 따라 빈칸에 알맞은 것을 찾아 ○표 하세요.

(■ , ■ , ♣ , ♣)

>> 정답 및 풀이 **36**쪽

04-1 규칙에 따라 빈칸에 알맞은 것을 찾아 ○표 하세요.

변형

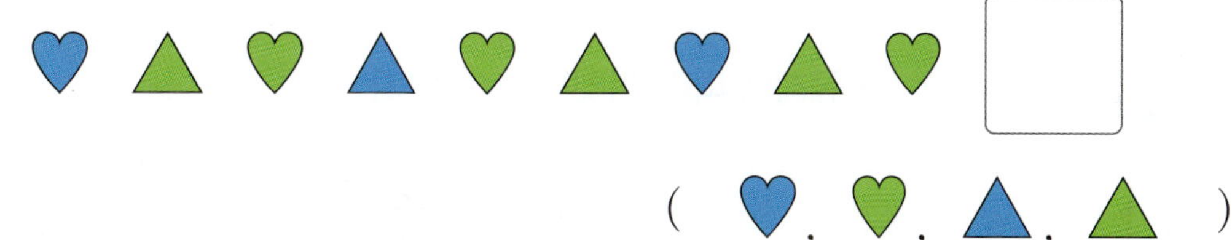

(♥ , ♥ , ▲ , ▲)

04-2 규칙에 따라 빈칸에 알맞은 것을 찾아 ○표 하세요.

변형

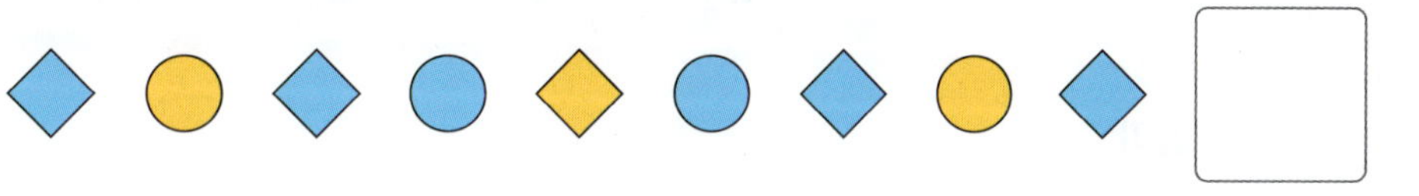

(◆ , ◆ , ● , ●)

04-3 규칙에 따라 빈칸에 알맞은 그림을 그리고 색칠해 보세요.

발전

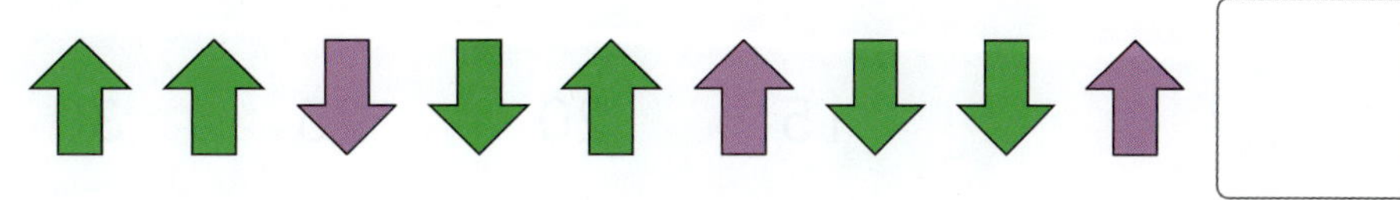

몇씩 커지는지(작아지는지) 알아보자.

유형 솔루션

• 규칙에 따라 여섯째 수 구하기

첫째	둘째	셋째	넷째	
1	3	5	7	…

+2   +2   +2

→ 2씩 커지는 규칙이므로

넷째	다섯째	여섯째
7	9	11

로 여섯째 수는 11입니다.

대표 유형 05

규칙에 따라 수를 늘어놓았습니다. 여섯째 수를 구하세요.

2	5	8	11	…

풀이

❶ [ ]씩 커지는 규칙으로 수를 늘어놓았습니다.

❷
넷째	다섯째	여섯째
11		

이므로 여섯째 수는 [ ]입니다.

답 _______________

예제 규칙에 따라 수를 늘어놓았습니다. 일곱째 수를 구하세요.

15	20	25	30	…

( )

>> 정답 및 풀이 **37**쪽

05-1 규칙에 따라 수를 늘어놓았습니다. 일곱째 수를 구하세요.
변형

| 63 | 59 | 55 | 51 | … |

( )

05-2 규칙에 따라 수를 늘어놓았습니다. 아홉째 수를 구하세요.
변형

| 5 | 6 | 9 | 10 | 13 | 14 | … |

( )

05-3 규칙에 따라 수를 늘어놓았습니다. 아홉째 수를 구하세요.
발전

| 2 | 6 | 5 | 9 | 8 | 12 | … |

( )

🎯 대표 유형 01

01 규칙에 따라 빈칸에 알맞은 그림을 그려 보세요.

| □ | ○ | □ | ○ | | | | |

풀이

🎯 대표 유형 03

02 색칠한 수의 규칙을 쓰고, 규칙에 따라 색칠해 보세요.

61	62	63	64	65	66	67	68	69	70
71	72	73	74	75	76	77	78	79	80
81	82	83	84	85	86	87	88	89	90

Tip 색칠한 수는 61부터 몇씩 커지는 규칙인지 알아봅니다.

규칙 ______________________

풀이

🎯 대표 유형 05

03 규칙에 따라 수를 늘어놓았습니다. 일곱째 수를 구하세요.

Tip 몇씩 작아지는지 알아봅니다.

풀이

답 ______________________

04 **보기**의 규칙에 따라 수로 바르게 나타낸 것의 기호를 써 보세요.

보기

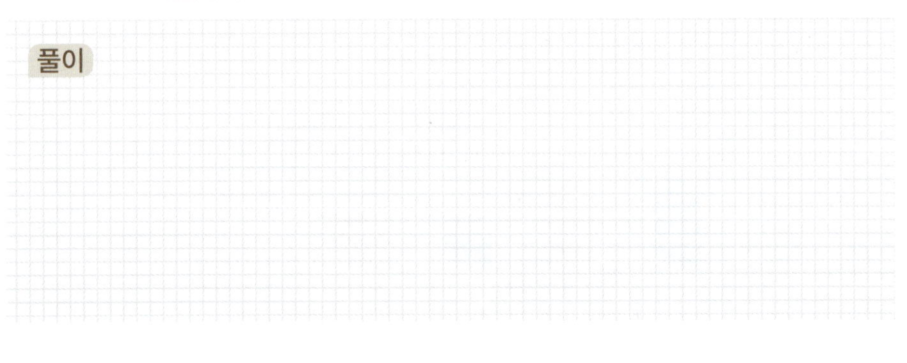

| ㉠ | | | 2 | | | 2 | | | 2 |
| ㉡ | 3 | | 3 | 3 | | 3 | 3 | | 3 |

풀이

답 ______________________

05 수 배열표의 일부분입니다. 규칙에 따라 ♥에 알맞은 수를 구하세요.

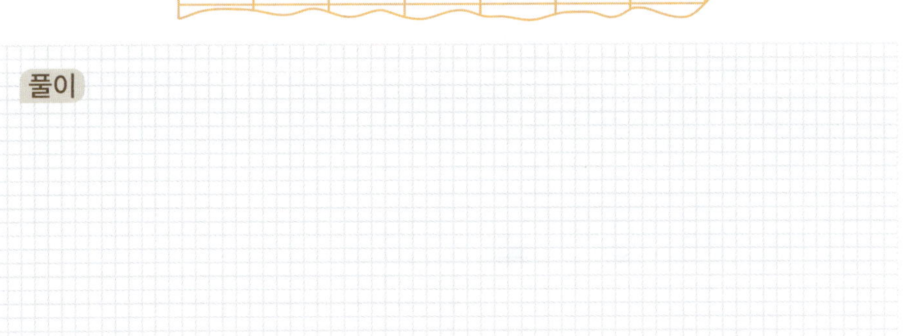

풀이

답 ______________________

🎯 **대표 유형 04**

06 규칙에 따라 빈칸에 알맞은 것을 찾아 ◯표 하세요.

Tip
모양과 색깔 규칙을 각각 찾아
봅니다.

풀이

()

🎯 **대표 유형 02**

07 뛰어 세기 한 규칙을 찾아 ㉠, ㉡에 알맞은 수를 각각 구하세요.

Tip
22에서 2번 뛰어 세어 38이
된 것을 보고 한 번 뛰어 세었
을 때 몇씩 커지는지 알아봅니
다.

풀이

답 ㉠: ________________ , ㉡: ________________

08 각각의 규칙에 따라 수를 늘어놓았습니다. ㉠과 ㉡ 중 일곱째 수가 더 큰 것을 찾아 기호를 써 보세요.

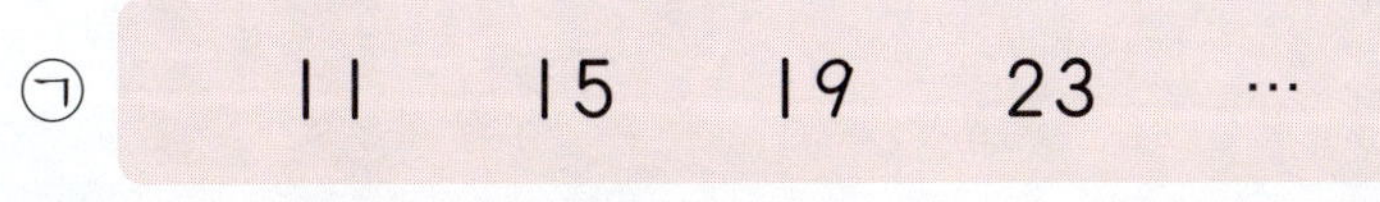

대표 유형 05

Tip
㉠과 ㉡의 일곱째 수를 각각 찾아봅니다.

풀이

답 _______________

09 수 배열표의 일부분입니다. 규칙에 따라 ◆ 에 알맞은 수를 구하세요.

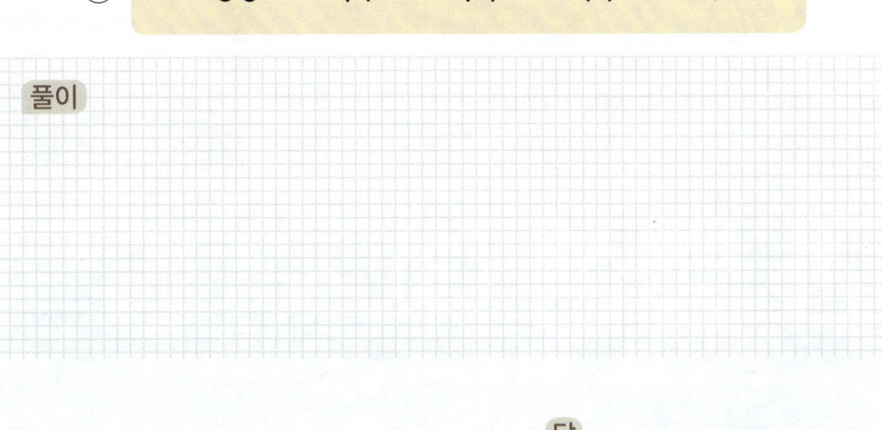

대표 유형 03

Tip
↘ 방향에서 규칙을 찾아봅니다.

풀이

답 _______________

6

덧셈과 뺄셈 (3)

덧셈하기

 **교과서 개념**

● 받아올림이 없는 덧셈하기

・34＋5의 계산

	3	4
＋		5
		9

➡

	3	4
＋		5
	3	9

・45＋12의 계산

	4	5
＋	1	2
		7

➡

	4	5
＋	1	2
	5	7

낱개는 낱개끼리, 10개씩 묶음은 10개씩 묶음끼리 더합니다.

01 그림을 보고 ☐ 안에 알맞은 수를 써넣으세요.

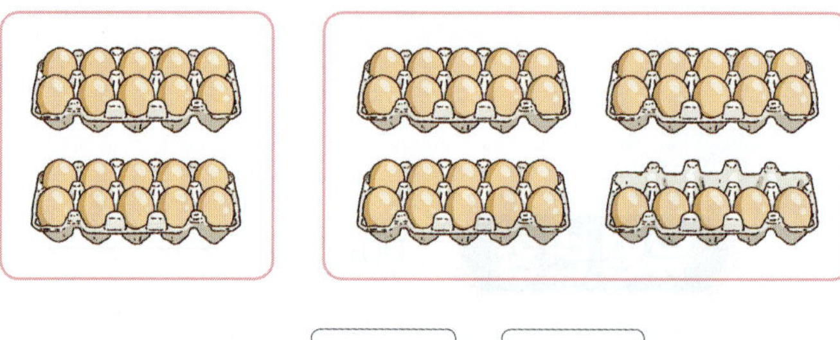

$$20 + \boxed{} = \boxed{}$$

02 덧셈을 해 보세요.

(1)

	1	4
＋		5

(2)

	5	0
＋	1	0

(3)

	2	3
＋	3	4

03 영희네 반에서 아침 활동 시간에 20명은 교실에서 책을 읽고, 나머지 학생 4명은 줄넘기를 연습하였습니다. 영희네 반 학생은 모두 몇 명일까요?

(   )

04 합이 같은 것끼리 선으로 이어 보세요.

12+7 •		• 32+6
21+4 •		• 14+5
35+3 •		• 23+2

활용 개념 1 **두 수의 합이 가장 큰 덧셈식 만들기**

5	12	52	4

➜ (가장 큰 수)+(두 번째로 큰 수)=(가장 큰 합)
➜ 52>12>5>4이므로 52+12=64 (또는 12+52=64)

05 두 수를 골라 합이 가장 크게 되도록 덧셈식을 만들어 보세요.

15	21	34	63

 ______________________________

06 두 수를 골라 합이 가장 작게 되도록 덧셈식을 만들어 보세요.

32	11	45	24

 ______________________________

뺄셈하기

교과서 개념

● 받아내림이 없는 뺄셈하기

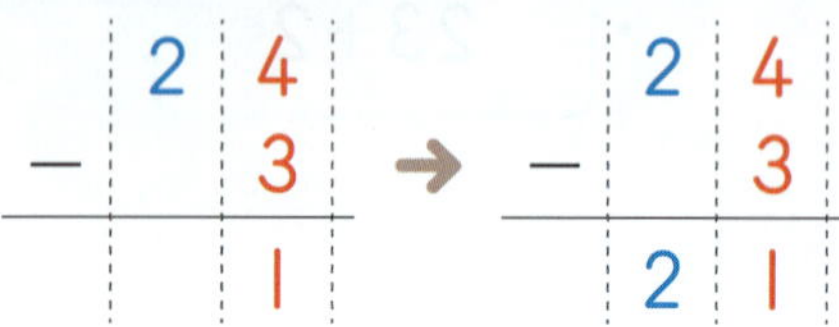

・24−3의 계산

$$\begin{array}{r} 2\ 4 \\ -\ \ \ 3 \\ \hline \end{array} \rightarrow \begin{array}{r} 2\ 4 \\ -\ \ \ 3 \\ \hline 2\ 1 \end{array}$$

・59−25의 계산

$$\begin{array}{r} 5\ 9 \\ -\ 2\ 5 \\ \hline \end{array} \rightarrow \begin{array}{r} 5\ 9 \\ -\ 2\ 5 \\ \hline 3\ 4 \end{array}$$

낱개는 낱개끼리, 10개씩 묶음은 10개씩 묶음끼리 뺍니다.

01 뺄셈을 해 보세요.

(1)
$$\begin{array}{r} 1\ 5 \\ -\ \ \ 3 \\ \hline \end{array}$$

(2)
$$\begin{array}{r} 6\ 0 \\ -\ 2\ 0 \\ \hline \end{array}$$

(3)
$$\begin{array}{r} 7\ 8 \\ -\ 3\ 2 \\ \hline \end{array}$$

02 수직선을 보고 ☐ 안에 알맞은 수를 써넣으세요.

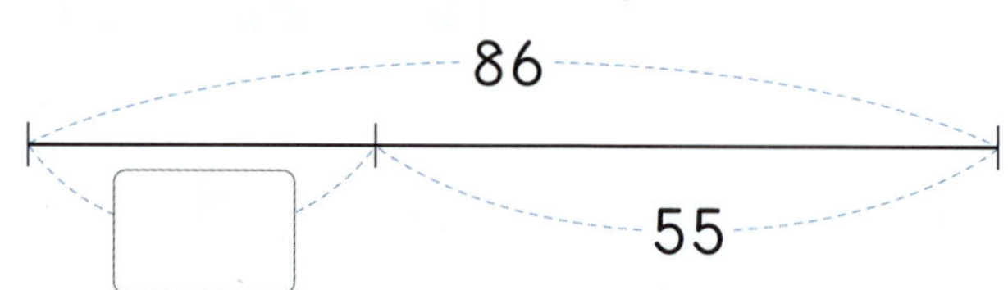

03 지은이는 가족과 함께 고구마를 30개 캤습니다. 그중에서 10개를 먹었다면 남은 고구마는 몇 개일까요?

(   )

활용 개념 1 두 수의 차가 가장 큰 뺄셈식 만들기

| 13 45 2 86 |

→ (가장 큰 수)−(가장 작은 수)=(가장 큰 차)
→ $86>45>13>2$이므로 $86-2=84$

04 두 수를 골라 차가 가장 크게 되도록 뺄셈식을 만들어 보세요.

| 67 3 24 35 |

식 ________________________________

활용 개념 2 덧셈과 뺄셈의 관계

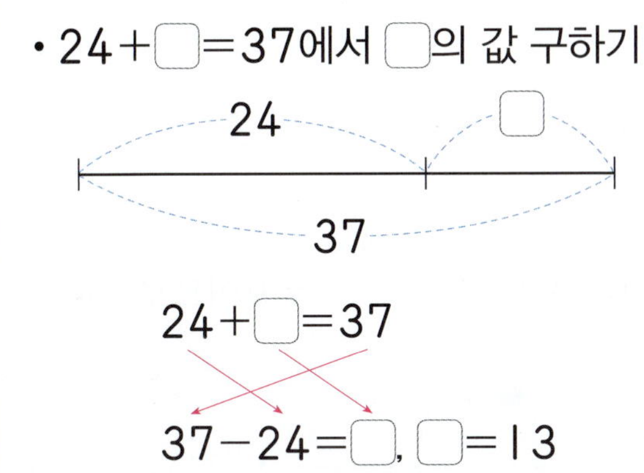

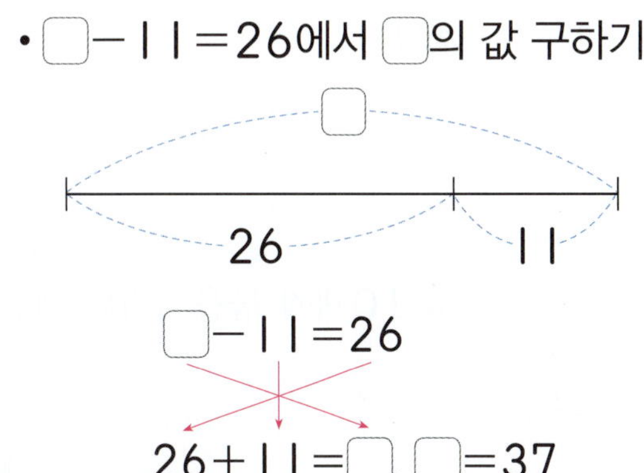

05 □ 안에 알맞은 수를 써넣으세요.

(1) $52+\boxed{}=59$

(2) $\boxed{}-24=43$

06 솜이는 구슬 12개를 가지고 있습니다. 친구에게 구슬을 몇 개 더 받았더니 23개가 되었습니다. 솜이가 친구에게 받은 구슬은 몇 개인지 □를 사용하여 덧셈식을 만들고 답을 구하세요.

식 ________________________________

답 ________________________________

낱개끼리, 10개씩 묶음끼리 계산하자.

 유형 솔루션

• 덧셈식을 보고 ㉠과 ㉡에 알맞은 수 구하기

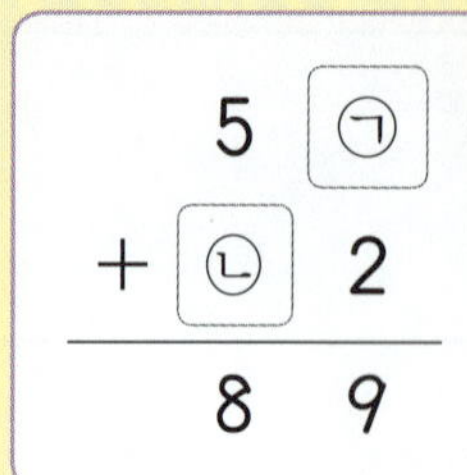

① 낱개끼리의 계산: ㉠+2=9
→ 7+2=9이므로 ㉠=7

② 10개씩 묶음끼리의 계산: 5+㉡=8
→ 5+3=8이므로 ㉡=3

대표 유형 01

오른쪽 덧셈식에서 ㉠과 ㉡에 알맞은 수를 각각 구하세요.

$$\begin{array}{r} 3 \;\; ㉠ \\ + \;\; ㉡ \;\; 6 \\ \hline 9 \;\; 8 \end{array}$$

풀이

❶ 낱개끼리의 계산: ㉠+6=8 → ☐+6=8이므로 ㉠=☐

❷ 10개씩 묶음끼리의 계산: 3+㉡=9 → 3+☐=9이므로 ㉡=☐

답 ㉠: ______________, ㉡: ______________

예제✔ 오른쪽 덧셈식에서 ㉠과 ㉡에 알맞은 수를 각각 구하세요.

$$\begin{array}{r} ㉠ \;\; 4 \\ + \;\; 1 \;\; ㉡ \\ \hline 6 \;\; 7 \end{array}$$

㉠ (   ), ㉡ (   )

01-1 **변형** □ 안에 알맞은 수를 써넣으세요.

$$
\begin{array}{r}
\square\ \square \\
-\ \ 4\ 7 \\
\hline
5\ 0
\end{array}
$$

01-2 **변형** 뺄셈식에서 ㉠과 ㉡에 알맞은 수를 각각 구하세요.

$$
\begin{array}{r}
㉠\ 9 \\
-\ 5\ ㉡ \\
\hline
3\ 4
\end{array}
$$

㉠ (   ), ㉡ (   )

01-3 **발전** 다음과 같이 합이 **47**인 두 수가 있습니다. 이 두 수의 차를 구하세요.

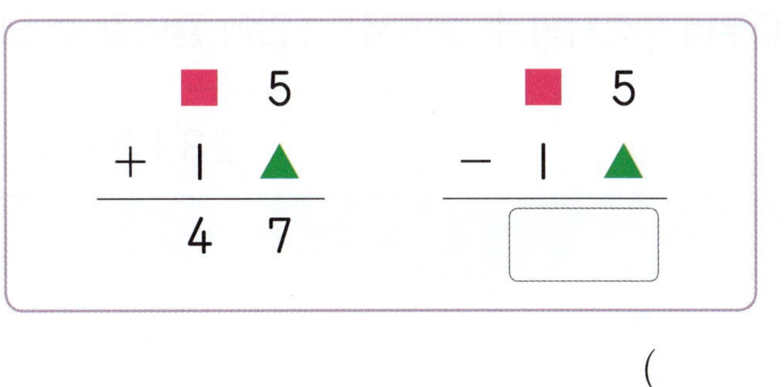

(   )

6 덧셈과 뺄셈 (3)

식을 계산하여 두 수의 크기를 비교하자.

유형 솔루션

· 0부터 9까지의 수 중에서 ☐ 안에 들어갈 수 있는 수 모두 구하기

$$54+2<5\square$$

① 왼쪽 식을 계산: $54+2=56$
② $56<5\square$ 에서 ☐ 안에 들어갈 수 있는 수: 7, 8, 9

대표 유형 02

0부터 9까지의 수 중에서 ■에 들어갈 수 있는 수를 모두 구하세요.

$$61+6<6\blacksquare$$

풀이

❶ 왼쪽 식을 계산: $61+6=$ ☐

❷ ☐ $<6\blacksquare$ 에서 ■에 들어갈 수 있는 수: ☐ , ☐

답 _______________

예제 0부터 9까지의 수 중에서 ☐ 안에 들어갈 수 있는 수를 모두 구하세요.

$$23+3<2\square$$

( )

>> 정답 및 풀이 **40**쪽

02-1 변형

1부터 9까지의 수 중에서 ☐ 안에 들어갈 수 있는 수를 모두 구하세요.

$$79-35>\boxed{}3$$

( )

02-2 변형

1부터 9까지의 수 중에서 ☐ 안에 들어갈 수 있는 수는 모두 몇 개인지 구하세요.

$$\boxed{}9>86-21$$

( )

02-3 발전

☐ 안에 들어갈 수 있는 가장 작은 수를 구하세요.

$$80+\boxed{}>21+66$$

( )

02-4 발전

☐ 안에 들어갈 수 있는 가장 큰 수를 구하세요.

$$59-\boxed{}>96-42$$

( )

수를 비교하여 높은 자리 수부터 정하자.

⊕유형 솔루션

- 4장의 수 카드 중에서 2장을 골라 한 번씩만 사용하여 몇십몇을 만들 때, 가장 큰 수와 가장 작은 수의 합 구하기

| 8 | 6 | I | 3 |

① 가장 큰 몇십몇: 8>6>3>I
→ **가장 큰 수부터** 높은 자리에 놓기
→ 86

② 가장 작은 몇십몇: I<3<6<8
→ **가장 작은 수부터** 높은 자리에 놓기
→ I3

③ (두 수의 합)=86+13=99

대표 유형 03

4장의 수 카드 중에서 2장을 골라 한 번씩만 사용하여 몇십몇을 만들려고 합니다. 만들 수 있는 수 중에서 가장 큰 수와 가장 작은 수의 합을 구하세요.

| 2 | 7 | 3 | 5 |

풀이

❶ 수 카드의 수의 크기 비교: 7>5>3>2

가장 큰 몇십몇을 만들려면 가장 큰 수부터 높은 자리에 놓아야 합니다.

→ 가장 큰 몇십몇: ☐

❷ 가장 작은 몇십몇을 만들려면 가장 작은 수부터 높은 자리에 놓아야 합니다.

→ 가장 작은 몇십몇: ☐

❸ (두 수의 합)= ☐ + ☐ = ☐

답 ________________

>> 정답 및 풀이 **41**쪽

예제✔ 4장의 수 카드 중에서 2장을 골라 한 번씩만 사용하여 몇십몇을 만들려고 합니다. 만들 수 있는 수 중에서 가장 큰 수와 가장 작은 수의 합을 구하세요.

| 2 | 6 | 3 | 4 |

(   )

03-1
변형 이서와 도준이는 각자의 수 카드 중에서 2장을 골라 한 번씩만 사용하여 이서는 가장 큰 몇십몇을, 도준이는 가장 작은 몇십몇을 만들었습니다. 이서와 도준이가 만든 두 수의 차를 구하세요.

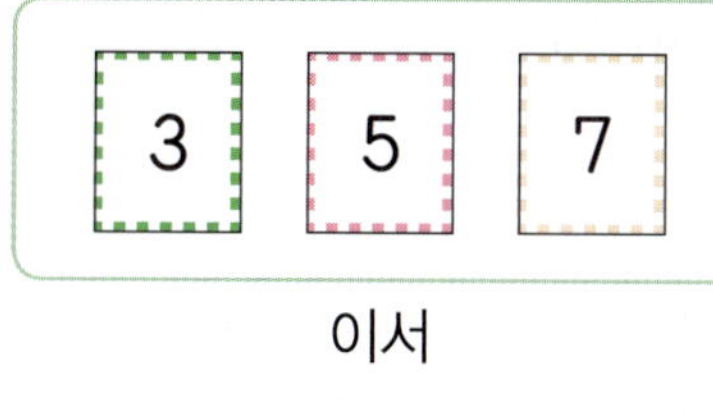

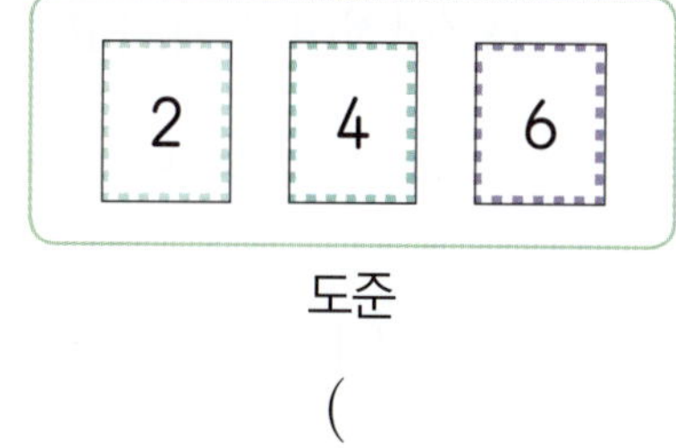

(   )

03-2
발전 4장의 수 카드를 한 번씩 모두 사용하여 (몇십몇)+(몇십몇)을 만들려고 합니다. 만들 수 있는 덧셈식의 계산 결과가 가장 클 때의 값을 구하세요.

| 5 | 4 | 1 | 2 |

(   )

문제에서 구하고자 하는 것을 먼저 생각하자.

유형 솔루션

사탕을 윤지는 20개 가지고 있고, 지섭이는 윤지보다 10개 더 많이 가지고 있습니다. 두 사람이 가지고 있는 사탕은 모두 몇 개일까요?

→ (윤지)+(지섭)

① (지섭이가 가지고 있는 사탕 수)
  =(윤지가 가지고 있는 사탕 수)+10
  =20+10=30(개)
② (두 사람이 가지고 있는 사탕 수)
  =20+30=50(개)

대표 유형 04

구슬을 지수는 11개 가지고 있고, 현정이는 지수보다 3개 더 많이 가지고 있습니다. 두 사람이 가지고 있는 구슬은 모두 몇 개일까요?

풀이

❶ (현정이가 가지고 있는 구슬의 수)

  =(지수가 가지고 있는 구슬의 수)+ ☐

  =11+ ☐ = ☐ (개)

❷ (두 사람이 가지고 있는 구슬의 수)=11+ ☐ = ☐ (개)

답 _______________

예제 딸기를 지홍이는 21개 먹었고, 윤아는 지홍이보다 4개 더 많이 먹었습니다. 두 사람이 먹은 딸기는 모두 몇 개일까요?

(   )

04-1 변형 딱지를 미선이는 30장 모았고, 찬희는 미선이보다 10장 더 적게 모았습니다. 두 사람이 모은 딱지는 모두 몇 장일까요?

( )

04-2 변형 과자를 현수는 17개, 진호는 12개 가지고 있었습니다. 현수가 진호에게 과자를 3개 준 후에 과자를 더 많이 가지고 있는 사람은 누구일까요?

( )

04-3 변형 나래네 학교 1학년 학생은 78명, 2학년 학생은 77명이었습니다. 전학을 간 학생 수가 다음과 같을 때 남은 학생 수가 더 많은 학년을 구하세요.

학년	1학년	2학년
전학을 간 학생 수(명)	7	5

( )

04-4 발전 수지의 아버지의 나이는 40살이고, 어머니는 아버지보다 5살 더 많습니다. 수지는 어머니보다 35살 더 적을 때 수지의 나이는 몇 살인지 구하세요.

( )

모르는 수를 □라 하여 식을 세워보자.

유형 솔루션

어떤 수에서 10을 뺐더니 15가 되었습니다.
□   −10   =15

어떤 수를 □라고 하면 □−10=15

15+10=□, □=25

대표 유형
05

어떤 수에서 60을 뺐더니 20이 되었습니다. 어떤 수는 얼마인지 구하세요.

풀이

❶ 어떤 수를 ■라고 하면 ■−□□□□=20

❷ 20+□□□□=■, ■=□□□□

➜ (어떤 수)=□□□□

답 ________________

예제 이떤 수에시 13을 뺐더니 34가 되었습니다. 어떤 수는 얼마인지 구하세요.

(   )

>> 정답 및 풀이 **42~43**쪽

05-1 〔변형〕 어떤 수에 7을 더했더니 17이 되었습니다. 어떤 수는 얼마인지 구하세요.

(   )

05-2 〔변형〕 어떤 수에서 26을 뺐더니 22가 되었습니다. 어떤 수에 11을 더한 값은 얼마인지 구하세요.

(   )

05-3 〔발전〕 43에서 어떤 수를 빼야 하는데 잘못하여 더했더니 64가 되었습니다. 바르게 계산한 값을 구하세요.

(   )

05-4 〔발전〕 신형이는 가지고 있던 초콜릿 중에서 12개를 먹고 24개는 동생에게 주었더니 33개가 남았습니다. 신형이가 처음에 가지고 있던 초콜릿은 몇 개일까요?

(   )

알 수 있는 것부터 차례대로 구하자.

$$11+34=\blacksquare$$
$$\bullet+\blacksquare=79$$

① $\blacksquare$에 알맞은 수 구하기 ➡ $11+34=\blacksquare$, $\blacksquare=45$
② $\bullet$에 알맞은 수 구하기 ➡ $\bullet+\blacksquare=79$이므로 $\bullet+45=79$,
$\qquad\qquad\qquad\qquad\qquad\quad 79-45=\bullet$, $\bullet=34$

대표 유형 06

같은 모양은 같은 수를 나타냅니다. ▲에 알맞은 수를 구하세요.

$$89-22=\bigstar$$
$$\bigstar-\blacktriangle=4$$

풀이

❶ $89-22=\bigstar$ ➡ $\bigstar=\boxed{}$

❷ $\bigstar-\blacktriangle=4$이므로 $\boxed{}-\blacktriangle=4$ ➡ $\boxed{}-4=\blacktriangle$, $\blacktriangle=\boxed{}$

답 _______________

예제 같은 모양은 같은 수를 나타냅니다. ■에 알맞은 수를 구하세요.

$$20+30=\blacklozenge$$
$$\blacklozenge-\blacksquare=20$$

(   )

06-1 변형

같은 모양은 같은 수를 나타냅니다. ◆에 알맞은 수를 구하세요.

$$13+\bullet=25$$
$$\bullet-10=\blacklozenge$$

( )

06-2 변형

같은 모양은 같은 수를 나타냅니다. ★에 알맞은 수를 구하세요.

$$78-31=\blacksquare$$
$$\blacktriangle+\blacksquare=59$$
$$\bigstar+\blacktriangle=23$$

( )

06-3 발전

같은 모양은 같은 수를 나타냅니다. ●와 ■에 알맞은 수를 각각 구하세요.

$$\blacklozenge+\blacklozenge=40$$
$$\bullet+\blacklozenge=64$$
$$\blacksquare-\bullet=21$$

● ( ), ■ ( )

낱개의 수끼리 계산을 하여 두 수를 찾자.

⊕ 유형 솔루션

• 합이 67이 되는 두 수 찾기

| 24 35 12 43 41 |

↓

| 24, 43 | | 35, 12 |

낱개의 수끼리의 합이 **7**이 되는 두 수 찾기

↓

24+43=67 (○)   35+12=47 (×)

계산하여 확인하기

대표 유형 07

합이 58이 되는 두 수를 찾아 써 보세요.

| 15   44   2   14   23 |

풀이

❶ 낱개의 수끼리의 합이 8이 되는 두 수를 찾으면

15와 23, ☐ 와/과 14입니다.

❷ 15+23=☐ , ☐ +14=☐

→ 합이 58이 되는 두 수: ☐ , ☐

답 ______________

예제✔ 합이 65가 되는 두 수를 찾아 써 보세요.

| 22   14   5   51   70 |

(   )

07-1 차가 46이 되는 두 수를 찾아 써 보세요.
변형

| 58 | 11 | 22 | 33 | 79 |

(   )

07-2 차가 31이 되는 두 수를 찾아 그 두 수의 합을 구하세요.
변형

| 35 | 68 | 4 | 10 | 47 |

(   )

07-3 합이 84가 되는 두 수를 찾아 그 두 수의 차를 구하세요.
변형

| 14 | 22 | 53 | 42 | 31 |

(   )

07-4 합이 47이 되는 두 수와 차가 21이 되는 두 수 중에서 같은 수를 구하세요.
발전

| 12 | 24 | 10 | 45 | 23 |

(   )

6
덧셈과 뺄셈 (3)

01 오른쪽 뺄셈식에서 ㉠과 ㉡에 알맞은 수를 각각 구하세요.

대표 유형 **01**

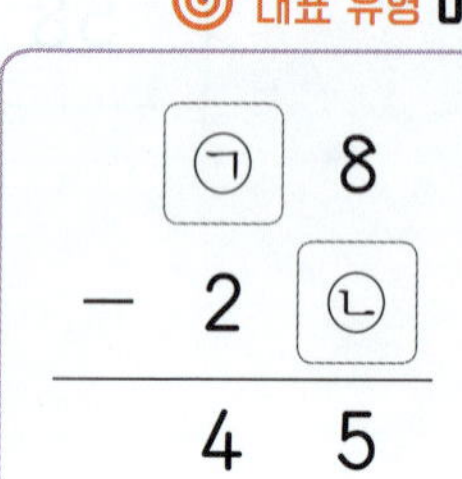

Tip

㉡을 먼저 구한 후 ㉠을 구합니다.

풀이

답 ㉠: ______________ , ㉡: ______________

02 1부터 9까지의 수 중에서 ☐ 안에 들어갈 수 있는 수를 모두 구하세요.

대표 유형 **02**

$$35+12>\boxed{}8$$

Tip

35+12를 먼저 계산해 봅니다.

풀이

답 ______________

03 지연이는 색종이를 36장 가지고 있습니다. 효영이는 지연이보다 3장 더 적게, 예지는 효영이보다 5장 더 많이 가지고 있습니다. 예지가 가지고 있는 색종이는 몇 장일까요?

대표 유형 **04**

풀이

답 ______________

🎯 **대표 유형 07**

04 합이 67이 되는 두 수를 찾아 써 보세요.

| 13 | 52 | 30 | 44 | 15 |

Tip

낱개의 수끼리의 합이 7이 되는 두 수를 먼저 찾아봅니다.

풀이

답 ___________

🎯 **대표 유형 03**

05 4장의 수 카드 중에서 2장을 골라 한 번씩만 사용하여 몇십몇을 만들려고 합니다. 만들 수 있는 수 중에서 두 번째로 큰 수와 두 번째로 작은 수의 합을 구하세요.

| 5 | 3 | 2 | 6 |

풀이

답 ___________

6

덧셈과 뺄셈 (3)

🎯 대표 유형 **06**

06 같은 모양은 같은 수를 나타냅니다. ■에 알맞은 수를 구하세요.

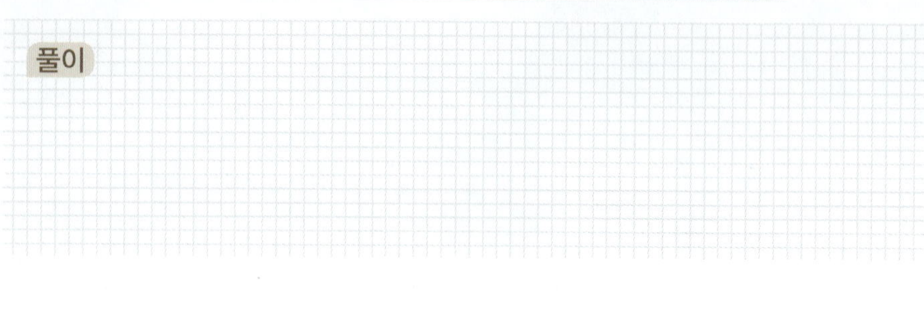
$$22+11=◆, \quad ◆+■=97$$

풀이

답 ___________

🎯 대표 유형 **02**

07 1부터 9까지의 수 중에서 ☐ 안에 들어갈 수 있는 수는 모두 몇 개일까요?

$$☐+70<78-5$$

Tip
78−5를 먼저 계산해 봅니다.

풀이

답 ___________

🎯 대표 유형 **05**

08 어떤 수에서 23을 빼야 하는데 잘못하여 더했더니 58이 되었습니다. 바르게 계산한 값을 구하세요.

Tip
잘못 계산한 식을 이용하여 어떤 수를 먼저 구합니다.

풀이

답 ___________

09 4장의 수 카드를 한 번씩 모두 사용하여 (몇십몇)+(몇십몇)을 만들려고 합니다. 만들 수 있는 덧셈식의 계산 결과가 가장 작을 때의 값을 구하세요.

🎯 대표 유형 **03**

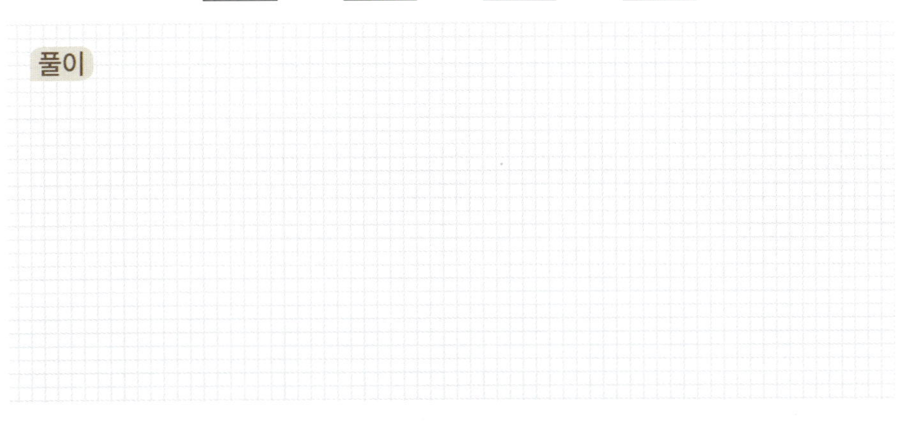

풀이

답 ___________

Tip
덧셈식의 계산 결과가 가장 작으려면 10개씩 묶음의 자리에 작은 수를 놓아야 합니다.

10 두 수를 골라 차가 13이 되는 뺄셈식을 모두 몇 개 만들 수 있을까요?

🎯 대표 유형 **07**

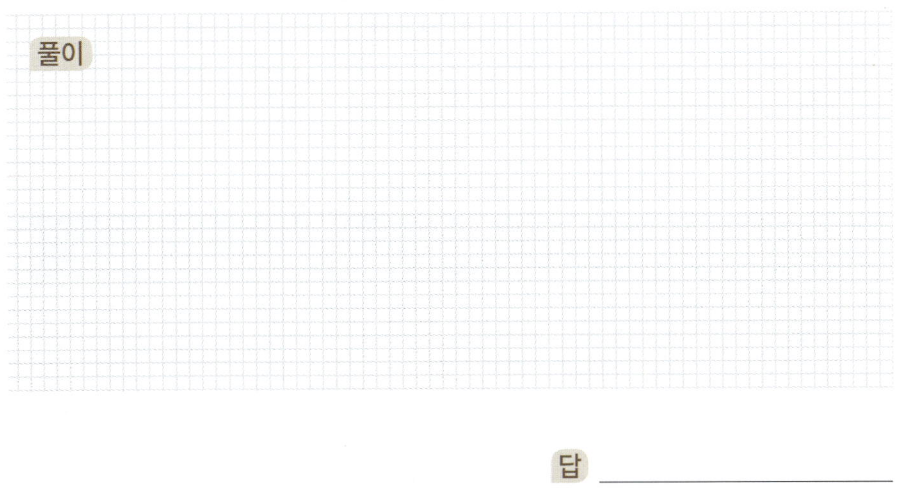

풀이

답 ___________

Tip
낱개의 수끼리의 차가 3이 되는 두 수를 먼저 찾아봅니다.

상위권진입비결
최고수준
복습책 S
1-2

1. 100까지의 수

대표 유형 01

1 수를 순서대로 쓴 종이의 일부입니다. ㉠에 알맞은 수를 구하세요.

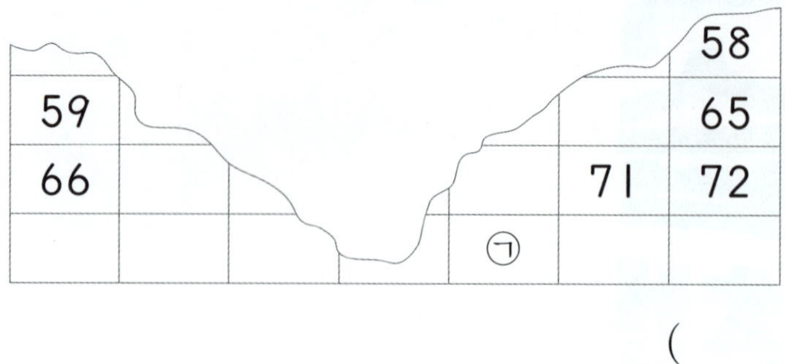

( )

대표 유형 02

2 1부터 9까지의 수 중에서 ▢ 안에 공통으로 들어갈 수 있는 수는 모두 몇 개일까요?

$$8\boxed{}<86 \qquad 56>\boxed{}7$$

( )

대표 유형 03

3 선정, 수진, 혁준이는 다음과 같이 붙임 딱지를 모았습니다. 붙임 딱지를 적게 모은 순서대로 이름을 써 보세요.

> • 선정: 10장씩 묶음 3개와 낱장 22장을 모았어.
> • 수진: 10장씩 묶음 4개와 낱장 15장을 모았어.
> • 혁준: 난 수진이보다 2장 더 적게 모았어.

( )

대표 유형 04

4 재신이와 친구들이 가지고 있는 구슬의 수를 나타낸 것입니다. 구슬을 용화가 셋째로 많이 가지고 있을 때, ☐ 안에 들어갈 수 있는 수를 모두 구하세요.

(단, 학생들이 가지고 있는 구슬의 수는 모두 다릅니다.)

이름	재신	현지	용화	재은
구슬의 수(개)	71	63	6☐	67

( )

대표 유형 05

5 5장의 수 카드 중에서 2장을 뽑아 한 번씩만 사용하여 몇십몇을 만들려고 합니다. 만들 수 있는 수 중에서 51보다 크고 78보다 작은 수는 모두 몇 개일까요?

5 7 1 2 8

( )

6
㉠에 들어갈 수 있는 수 중 가장 큰 수를 구하세요. (단, ㉠<67입니다.)

㉠과 67 사이의 홀수는 모두 4개입니다.

(   )

7
어떤 수보다 10만큼 더 작은 수를 구하려고 하는데 잘못하여 어떤 수보다 10만큼 더 큰 수를 구했더니 75였습니다. 바르게 구한 값은 얼마일까요?

(   )

8
조건을 만족하는 수를 모두 구하세요.

조건
- 71보다 크고 93보다 작은 홀수입니다.
- 10개씩 묶음의 수가 낱개의 수보다 작습니다.

(   )

1. 100까지의 수

▶▶ 정답 및 풀이 **47**쪽

본문 '실전 적용'의 반복학습입니다.

1 수를 순서대로 썼을 때 ㉠과 ㉡에 알맞은 수를 각각 구하세요.

	51	52	53				58	
60			63				68	
㉠		㉡						

㉠ (   ), ㉡ (   )

2 1부터 9까지의 수 중에서 ☐ 안에 들어갈 수 있는 가장 작은 수를 구하세요.

$$52 < \boxed{}1$$

(   )

3 라희는 색종이를 10장씩 묶음 8개와 낱장 15장을 가지고 있습니다. 색종이가 100장이 되려면 몇 장 더 있어야 할까요?

(   )

4 혜주가 가지고 있는 수수깡을 색깔별로 나타낸 것입니다. ⬜ 안에는 0부터 9까지의 수가 들어갈 수 있고 수수깡의 수는 색깔별로 모두 다릅니다. 혜주가 셋째로 많이 가지고 있는 수수깡은 무슨 색일까요?

색깔	노랑	초록	빨강	보라
수수깡의 수(개)	79	7⬜	8⬜	6⬜

(   )

5 딸기를 현지는 10개씩 묶음 5개를 땄고, 리안이는 10개씩 묶음 4개와 낱개 11개를 땄습니다. 현지와 리안이 중 딸기를 더 많이 딴 사람의 이름을 써 보세요.

(   )

6 4장의 수 카드 중에서 2장을 뽑아 한 번씩만 사용하여 몇십몇을 만들려고 합니다. 만들 수 있는 수 중에서 짝수는 모두 몇 개일까요?

5   6   8   7

(   )

7 어떤 수보다 10만큼 더 큰 수는 85입니다. 어떤 수보다 5만큼 더 큰 수는 얼마일까요?

(   )

8 다음 두 수 사이의 수가 모두 4개일 때, ㉠에 들어갈 수 있는 수를 모두 구하세요.

61   ㉠

(   )

9 서우와 친구들이 딴 귤의 수를 나타낸 것입니다. 귤을 수인이가 셋째로 많이 땄을 때, ☐ 안에 들어갈 수 있는 가장 큰 수를 구하세요.

(단, 학생들이 딴 귤의 수는 모두 다릅니다.)

이름	서우	수인	아민	예솔
귤의 수(개)	61	5☐	58	54

(   )

10 조건 을 만족하는 수를 모두 구하세요.

> **조건**
> - 50보다 크고 80보다 작습니다.
> - 10개씩 묶음의 수와 낱개의 수의 합은 7입니다.

(   )

2. 덧셈과 뺄셈 (1)

>> 정답 및 풀이 48쪽

본문 '유형 변형'의 반복학습입니다.

1 대표 유형 01

가까이에 닿아 있는 두 수를 더했을 때 10이 되는 수끼리 모두 묶어 보세요.

1	5	5	4	9
2	4	1	7	2
3	6	7	9	8
8	2	9	3	3

2 대표 유형 02

같은 모양끼리 이어 목걸이를 만들려고 합니다. ▢ 모양은 ▲ 모양보다 몇 개 더 적을까요?

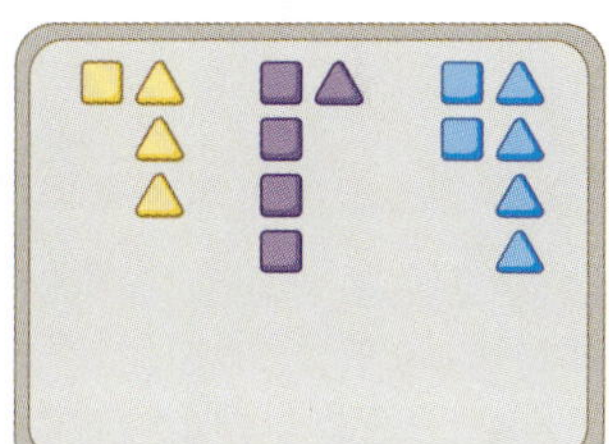

(   )

3 대표 유형 03

바구니에 빵이 10개 있습니다. 예지가 빵을 4개 꺼내고 지수가 빵을 몇 개 꺼냈을 때 남은 빵은 4개입니다. 지수가 꺼낸 빵은 몇 개일까요?

(   )

4 대표 유형 04

4장의 수 카드 중에서 3장을 골라 한 번씩 모두 사용하여 세 수의 합이 14가 되는 덧셈식을 만들려고 합니다. 만들 수 있는 덧셈식과 사용하지 않고 남은 수를 각각 써 보세요.

2	7	4	3

덧셈식 (   ), 남은 수 (   )

5 대표 유형 05

빨간색 공은 노란색 공보다 6개 많고, 파란색 공은 빨간색 공보다 1개 적습니다.
노란색 공이 2개일 때 공은 모두 몇 개인지 구하세요.

(   )

6 대표 유형 06

규칙을 찾아 빈칸에 알맞은 수를 써넣으세요.

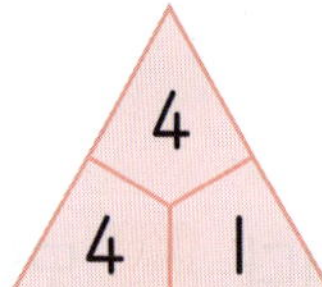 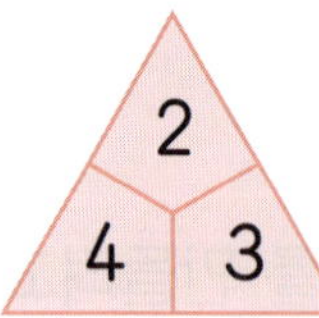 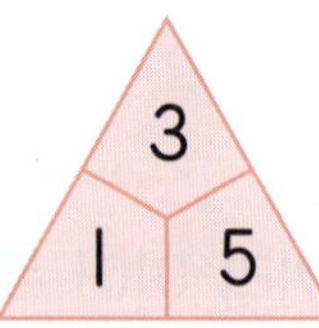 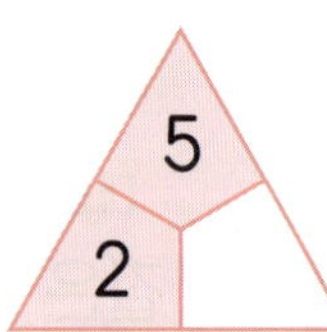

7 대표 유형 07

1부터 6까지의 수 중에서 ●에 들어갈 수 있는 수는 모두 몇 개일까요?

$$4+1+● < 10-1$$

(   )

8 대표 유형 08

같은 모양은 같은 수를 나타냅니다. ★에 알맞은 수를 구하세요.

- ● + ● = 10
- ▲ + 3 = ●
- ● + ▲ = ★

(   )

2. 덧셈과 뺄셈 (1)

≫ 정답 및 풀이 49쪽

본문 '실전 적용'의 반복학습입니다.

1 더해서 10이 되는 두 수끼리 모두 짝 지었을 때 남는 수를 구하세요.

| 1 | 4 | 2 | 9 | 8 |

( )

2 같은 모양끼리 이어 목걸이를 만들려고 합니다. 🔵 모양은 🔺 모양보다 몇 개 더 많을까요?

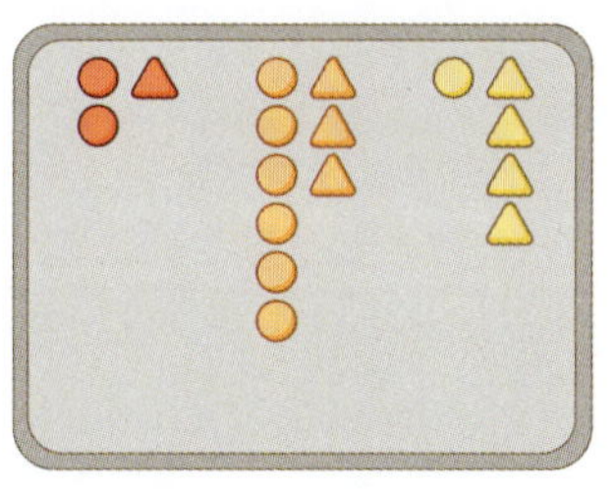

( )

3 다음 중 합이 17이 되는 세 수를 골랐을 때 가장 작은 수를 써 보세요.

| 7 | 6 | 2 | 1 | 4 |

( )

4 주머니에 풍선이 10개 있습니다. 소희가 풍선을 3개 꺼내고 도경이가 풍선을 몇 개 꺼냈을 때 남은 풍선은 2개입니다. 도경이가 꺼낸 풍선은 몇 개일까요?

( )

5 어떤 수에 4를 더해야 할 것을 잘못하여 뺐더니 2가 되었습니다. 바르게 계산한 값을 구하세요.

( )

6 채린이는 언니보다 5살 적고, 동생은 채린이보다 3살 적습니다. 언니가 9살일 때 세 사람의 나이의 합은 몇 살일까요?

(   )

7 보기 를 보고 두 모양에 적혀 있는 수의 규칙을 찾아 빈칸에 알맞은 수를 써넣으세요.

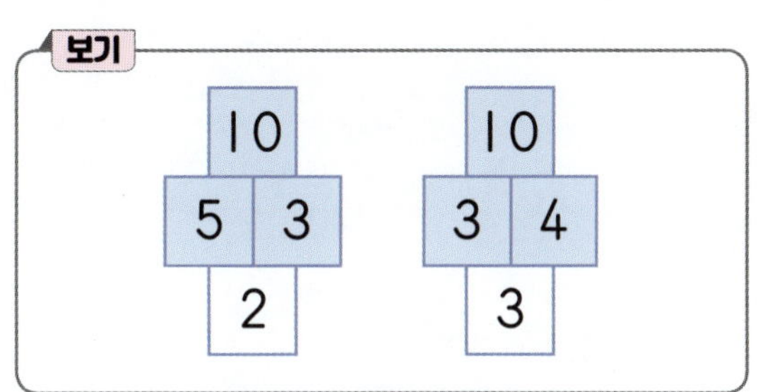

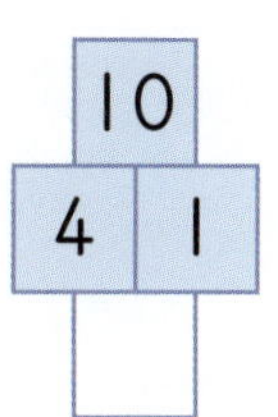

8 1부터 8까지의 수 중에서 ⊙에 들어갈 수 있는 가장 작은 수를 구하세요.

$$2 + ⊙ > 1 + 2 + 4$$

(   )

9 같은 모양은 같은 수를 나타냅니다. ▼에 알맞은 수를 구하세요.

- $4 + ♥ = 10$
- $● + ● = ♥$
- $♥ - ● = ▼$

(   )

10 같은 줄에 있는 세 수의 합은 10입니다. 빈칸에 알맞은 수를 써넣으세요.

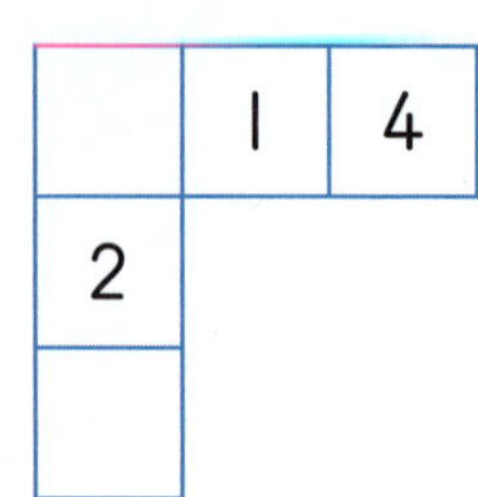

3. 모양과 시각

대표 유형 01

1 상자에 담긴 붙임 딱지 모양을 보고 뾰족한 부분이 있는 모양은 뾰족한 부분이 없는 모양보다 몇 개 더 많은지 구하세요.

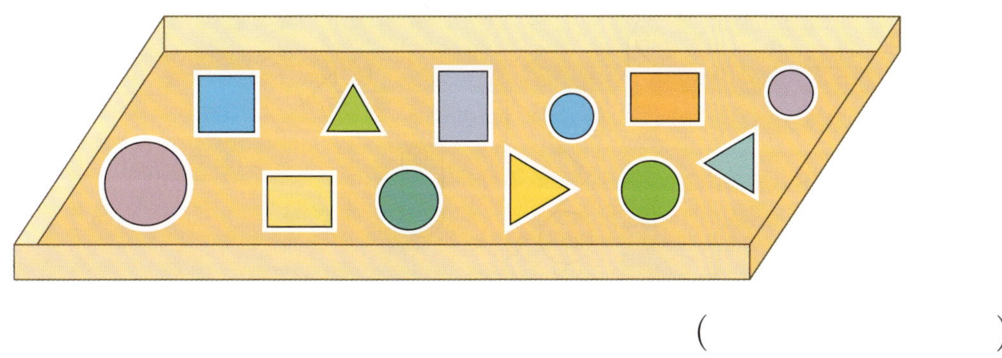

(   )

대표 유형 02

2 ■, ▲, ● 모양의 색종이를 다음과 같이 겹치도록 차례대로 5장을 놓았습니다. 놓은 순서를 바르게 나타낸 것을 찾아 기호를 써 보세요.

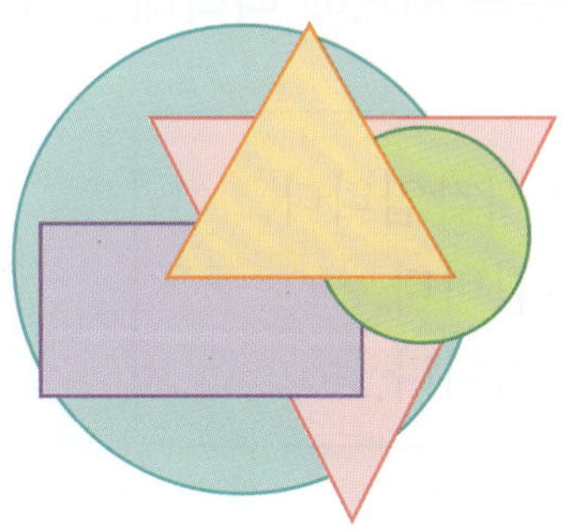
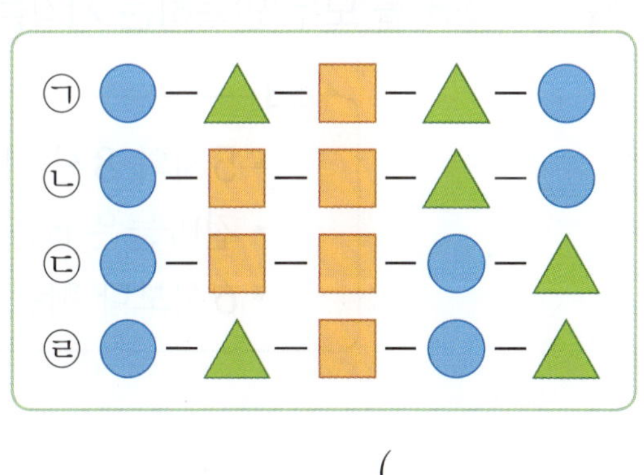

(   )

대표 유형 03

3 ■, ▲, ● 모양이 그려진 퍼즐이 있습니다. 빈칸에 알맞게 짝 지어지지 <u>않은</u> 퍼즐 조각을 찾아 기호를 써 보세요.

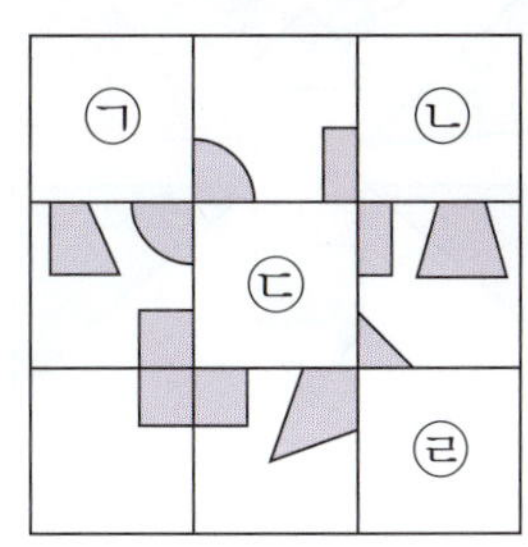
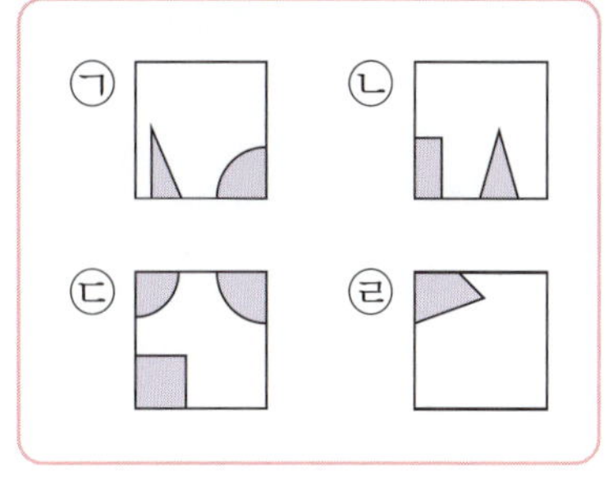

(   )

대표 유형 04

4 ■, ▲, ● 모양 중 두 모양을 만드는 데 공통으로 사용하지 <u>않은</u> 모양에 ✕ 표 하고, 몇 개를 사용했는지 구하세요.

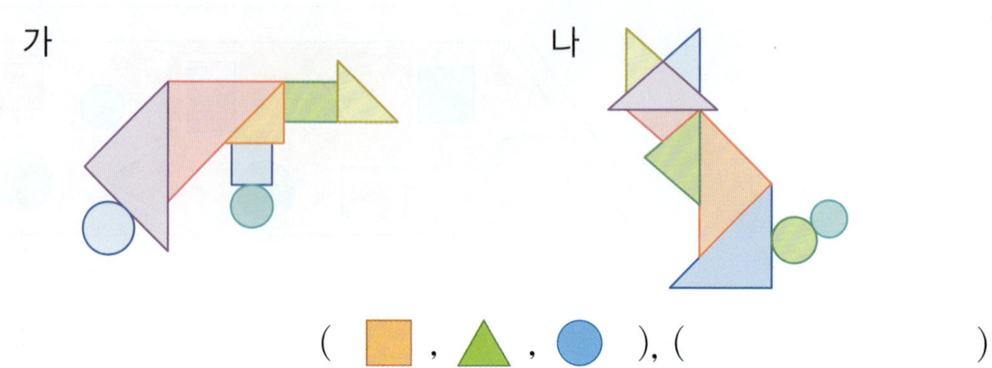

(■ , ▲ , ●), (   )

대표 유형 05

5 조건 을 모두 만족하는 시각을 오른쪽 시계에 나타내 보세요.

> **조건**
> • 5시와 8시 사이의 시각입니다.
> • 긴바늘은 6을 가리킵니다.
> • 6시보다 빠른 시각입니다.

대표 유형 06

6 도진이가 다음 모양을 만들었더니 ● 모양이 1개 남았습니다. 도진이가 만들기 전에 가지고 있던 모양 중 ● 모양은 가장 적은 모양보다 몇 개 더 많을까요?

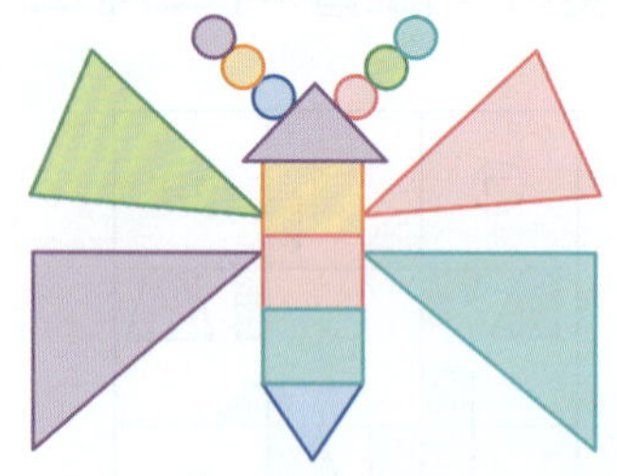

(   )

7 진우네 가족이 저녁에 집에 들어온 시각입니다. 가장 늦게 집에 들어온 사람은 누구일까요?

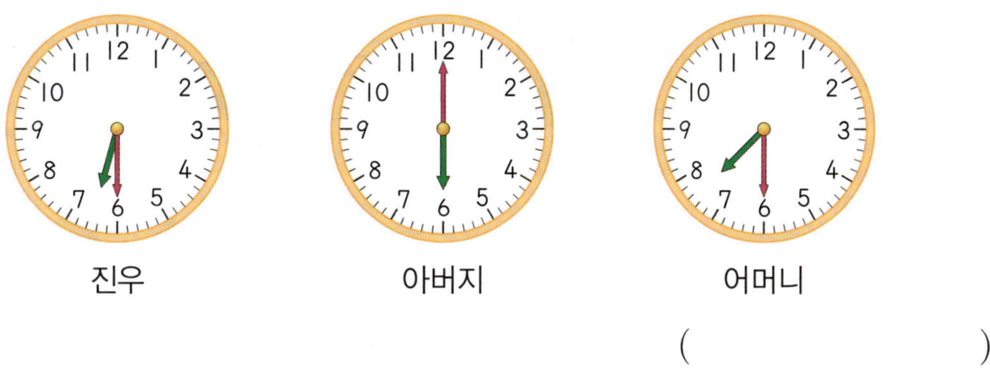

(   )

8 오른쪽 모양을 모두 사용하여 만들 수 있는 모양을 찾아 기호를 써 보세요.

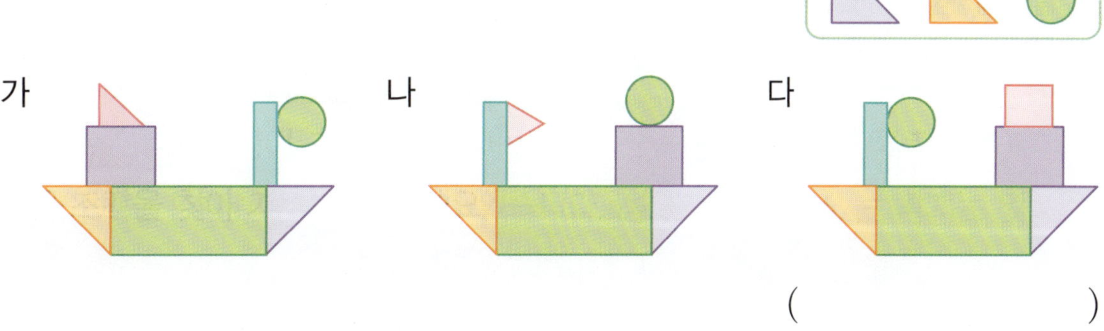

(   )

대표 유형 09

9 그림과 같이 종이를 3번 접은 후 펼쳐서 접힌 선을 따라 잘랐습니다. 만들어지는 모양에 ○표 하고 모두 몇 개인지 구하세요.

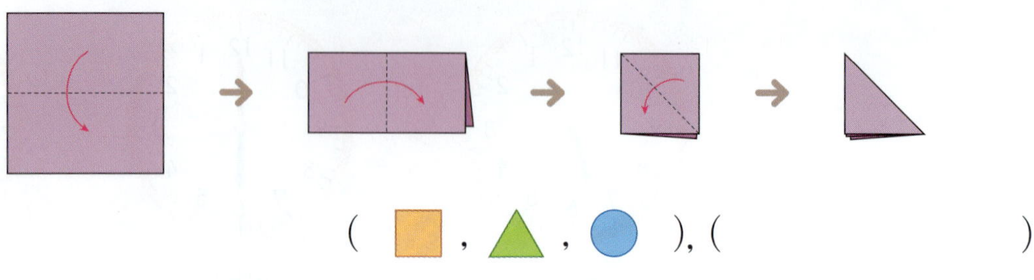

(■ , ▲ , ●), (   )

대표 유형 10

10 그림에서 찾을 수 있는 크고 작은 ■ 모양과 크고 작은 ▲ 모양은 모두 몇 개인지 구하세요.

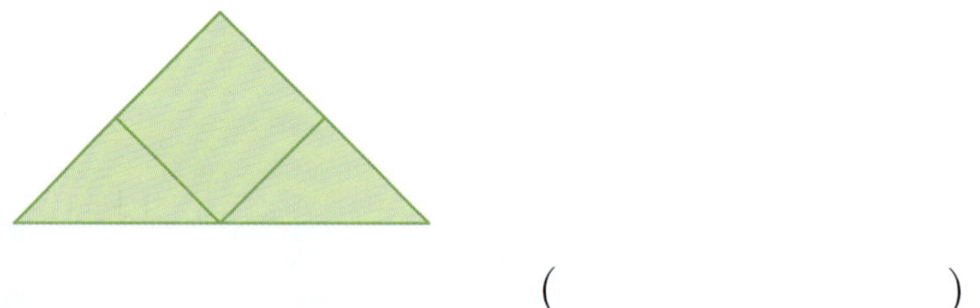

(   )

3. 모양과 시각

➤ 정답 및 풀이 **51**쪽

본문 '실전 적용'의 반복학습입니다.

1 접시 위에 있는 쿠키 모양을 보고 뾰족한 부분이 있는 모양은 둥근 부분이 있는 모양보다 몇 개 더 많은지 구하세요.

(   )

2 ▨ , △ , ● 모양의 색종이를 다음과 같이 겹치도록 차례대로 5장을 놓았습니다. 세 번째로 놓은 모양에 ◯표 하세요.

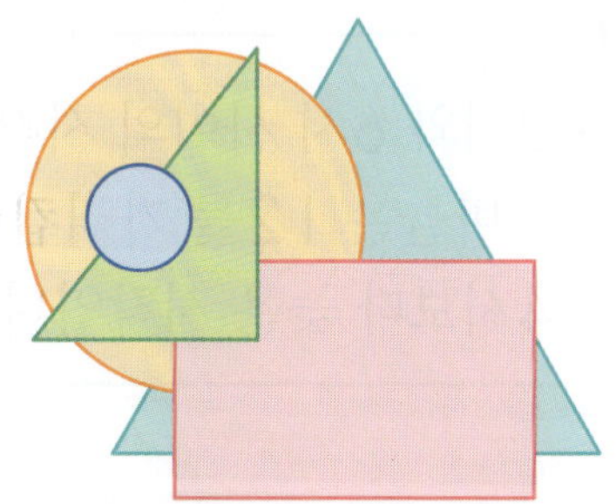

(▨ , △ , ●)

3 ◻, ▲, ● 모양이 그려진 퍼즐의 ①과 ②에 알맞은 퍼즐 조각을 각각 찾아 기호를 써 보세요.

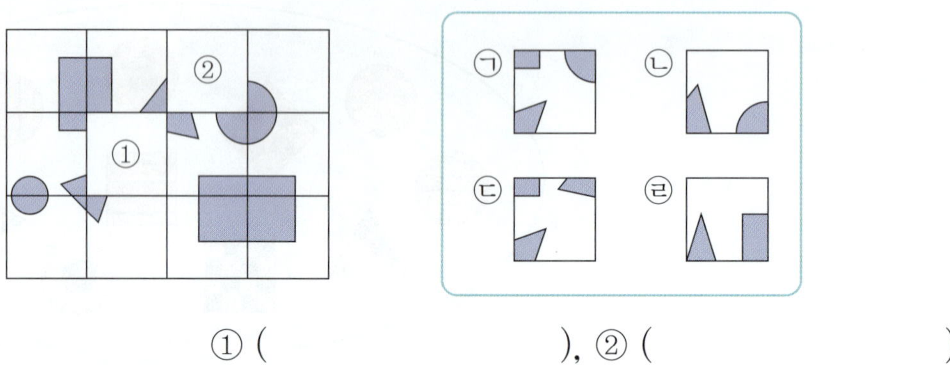

① (   ), ② (   )

4 조건 을 모두 만족하는 시각을 시계에 나타내 보세요.

조건
- 2시와 6시 사이의 시각입니다.
- 긴바늘은 12를 가리킵니다.
- 4시보다 늦은 시각입니다.

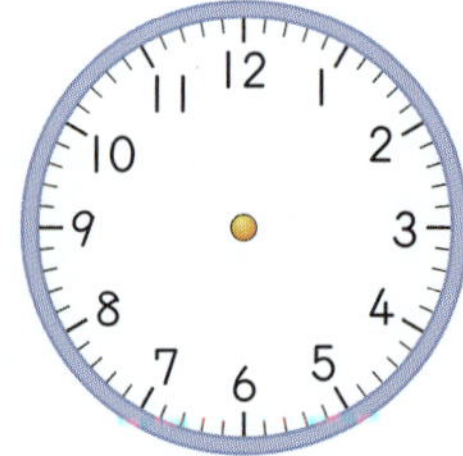

5 혜린이네 가족이 저녁에 집에 들어온 시각입니다. 집에 일찍 들어온 사람부터 순서대로 써 보세요.

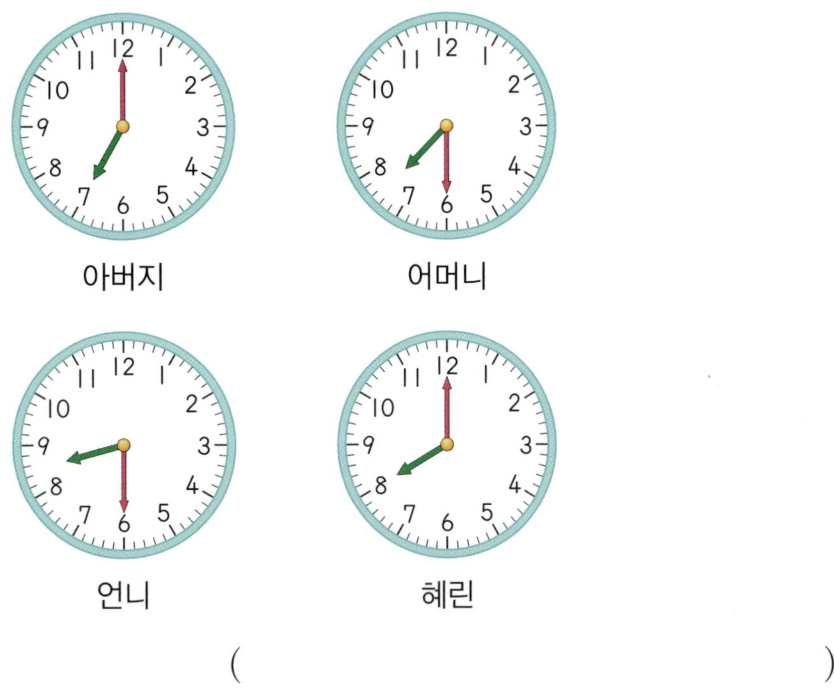

(   )

6 ■ 모양 4개, ▲ 모양 2개, ● 모양 2개를 사용하여 만든 모양을 찾아 기호를 써 보세요.

(   )

7 그림과 같이 종이를 2번 접은 후 선을 따라 겹쳐서 잘랐습니다. ☐ 안에 알맞은 수를 써넣으세요.

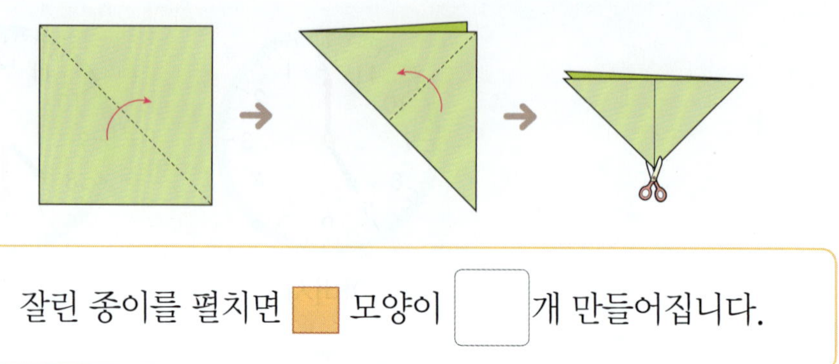

잘린 종이를 펼치면 ■ 모양이 ☐ 개 만들어집니다.

8 ♥ 표시된 부분을 포함하는 크고 작은 ▲ 모양은 모두 몇 개인지 구하세요.

(   )

4. 덧셈과 뺄셈 (2)

>> 정답 및 풀이 52쪽

본문 '유형 변형'의 반복학습입니다.

대표 유형 01

1 ◯ 안의 두 수의 합이 ☐ 안의 수가 되도록 빈칸에 알맞은 수를 써넣으세요.

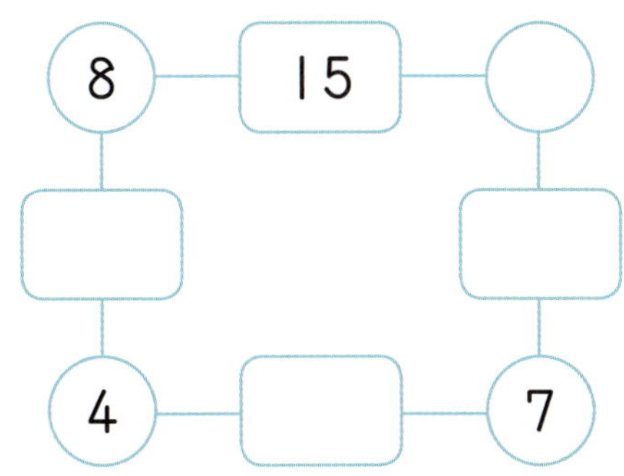

대표 유형 02

2 4장의 수 카드 중 2장을 골랐더니 고른 두 수의 합은 12이고, 두 수의 차는 2였습니다. 고른 두 수 카드에 적힌 수를 구하세요.

5 9 7 3

(   )

대표 유형 03

3 같은 모양은 같은 수를 나타냅니다. ●가 6일 때, ▲에 알맞은 수를 구하세요.

- ● + ● = ★
- ★ − 3 = ▲ + 5

(   )

대표 유형 04

4 수가 적힌 구슬을 2개씩 꺼냈을 때 지수가 꺼낸 구슬에 적힌 두 수의 합이 은지보다 크게 하려고 합니다. 지수가 꺼낸 경우를 모두 써 보세요.

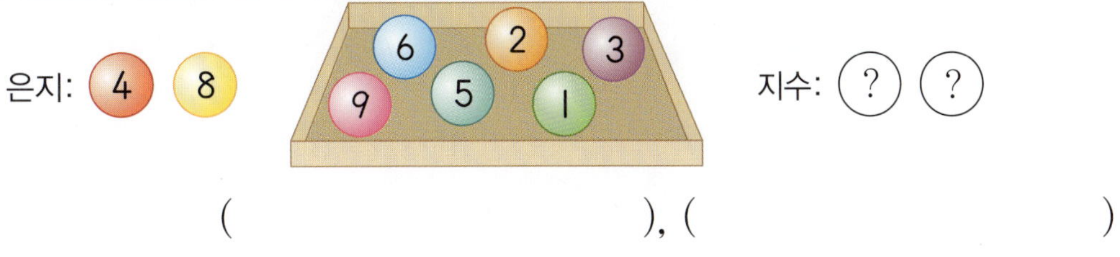

은지: 4 8   지수: ? ?

(   ), (   )

대표 유형 05

5 ☐ 안에 들어갈 수 있는 수는 모두 몇 개인지 구하세요.

$$11-8<\square<5+8$$

(   )

대표 유형 06

6 선화와 민석이가 가지고 있는 색종이 수는 같습니다. 선화는 노란색 색종이 6장과 파란색 색종이 9장을 가지고 있습니다. 민석이는 노란색 색종이 8장과 파란색 색종이를 가지고 있다면 민석이가 가지고 있는 파란색 색종이는 몇 장일까요?

(   )

대표 유형 07

7 퀴즈 대회에서 지석, 하은, 우현이가 얻은 점수를 나타낸 것입니다. 점수의 합이 가장 낮은 사람은 누구일까요?

	지석	하은	우현
1회	8점	7점	9점
2회	6점	6점	7점

(   )

4. 덧셈과 뺄셈 (2)

>> 정답 및 풀이 **52**쪽

본문 '실전 적용'의 반복학습입니다.

1 ◯ 안의 두 수의 합이 ☐ 안의 수가 되도록 빈칸에 알맞은 수를 써넣으세요.

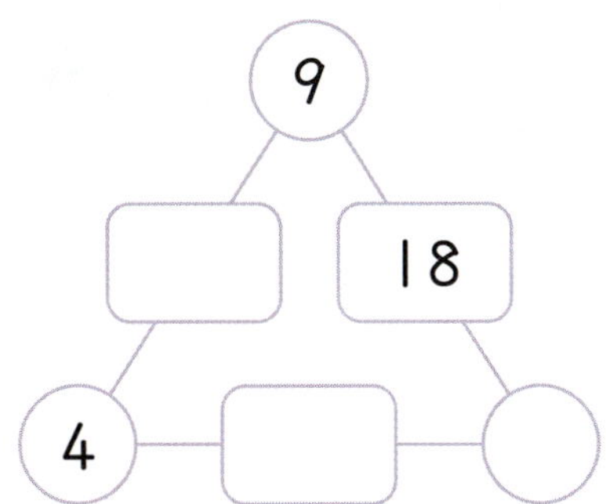

2 ☐ 안에 들어갈 수 있는 수 중에서 가장 큰 수를 구하세요.

$$\square < 17 - 8$$

(   )

3 ◆와 ♥에 알맞은 수의 차를 구하세요.

> • ◆ − 7 = 9
> • 5 + ♥ = 12

(   )

4 지은이가 딸기 12개 중에서 7개를 먹었습니다. 남은 딸기는 몇 개일까요?

(   )

5 깡통을 도영이는 7개, 진아는 8개를 분리배출하였습니다. 분리배출한 깡통은 모두 몇 개일까요?

(   )

6 수가 적힌 구슬을 2개씩 꺼내어 혜은이가 꺼낸 구슬에 적힌 두 수의 합이 나리보다 크게 하려고 합니다. 혜은이는 어떤 수가 적힌 구슬을 꺼내야 할까요?

나리: 6 7

혜은: 5 ?

(   )

7 서지와 예찬이가 먹은 떡의 수는 같습니다. 서지는 가래떡 5개와 송편 8개를 먹었습니다. 예찬이는 가래떡 6개와 송편을 먹었다면 예찬이가 먹은 송편은 몇 개일까요?

(   )

8 슬기와 은혁이가 이틀 동안 만든 딱지 수를 나타낸 것입니다. 이틀 동안 만든 딱지 수의 합이 더 많은 사람은 누구일까요?

	1일차	2일차
슬기	9장	6장
은혁	8장	8장

( )

9 5장의 수 카드 중에서 3장을 골라 한 번씩만 사용하여 오른쪽과 같은 뺄셈식을 만들려고 합니다. 차가 가장 큰 뺄셈식을 만들었을 때 그 차를 구하세요.

6 3 5 8 14   □－□＝□

( )

10 같은 모양은 같은 수를 나타냅니다. ▲가 8일 때, ★에 알맞은 수를 구하세요.

- ▲＋▲＝●
- ●－9＝■
- ■＋■＝★

( )

5. 규칙 찾기

>> 정답 및 풀이 **53**쪽

본문 '유형 변형'의 반복학습입니다.

대표 유형 01

1 보기의 규칙에 따라 바르게 나타낸 것의 기호를 써 보세요.

$$
\begin{array}{l}
㉠ \quad ○ \ △ \ ○ \ ○ \ △ \ ○ \ ○ \ △ \ ○ \\
㉡ \quad 0 \ 1 \ 1 \ 0 \ 1 \ 1 \ 0 \ 1 \ 1
\end{array}
$$

(   )

대표 유형 02

2 뛰어 세기 한 규칙을 찾아 ㉠과 ㉡에 알맞은 수를 각각 구하세요.

㉠ (   ), ㉡ (   )

대표 유형 03

3 수 배열표에서 규칙에 따라 ㉠과 ㉡에 알맞은 수의 차를 구하세요.

40	41				
				㉠	52
		㉡			59
			63	64	66

(   )

대표 유형 04

4 규칙에 따라 빈칸에 알맞은 그림을 그리고 색칠해 보세요.

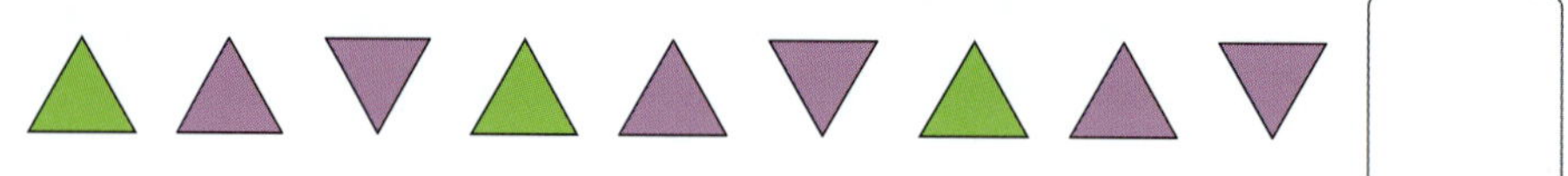

대표 유형 05

5 규칙에 따라 수를 늘어놓았습니다. 아홉째 수를 구하세요.

| 4 | 7 | 6 | 9 | 8 | 11 | … |

(   )

5. 규칙 찾기

>> 정답 및 풀이 54쪽

본문 '실전 적용'의 반복학습입니다.

1 규칙에 따라 빈칸에 토끼는 1, 거북은 0을 써넣으세요.

2 색칠한 수의 규칙을 쓰고, 규칙에 따라 색칠해 보세요.

42	43	44	45	46	47	48
49	50	51	52	53	54	55
56	57	58	59	60	61	62
63	64	65	66	67	68	69

규칙 ___________________________

____

3 규칙에 따라 수를 늘어놓았습니다. 여섯째 수를 구하세요.

| 17 | 26 | 35 | 44 | … |

( )

4 보기의 규칙에 따라 수로 바르게 나타낸 것의 기호를 써 보세요.

보기

| ㉠ | 2 2 3 2 2 3 2 2 3 |
| ㉡ | 1 2 2 1 2 2 1 2 2 |

(   )

5 찢어진 수 배열표를 보고 ★에 알맞은 수를 구하세요.

24	25		27			
33	34					
42	43				★	

(   )

6 규칙에 따라 빈칸에 알맞은 것을 찾아 ◯표 하세요.

7 뛰어 세기 한 규칙을 찾아 ㉠과 ㉡에 알맞은 수를 각각 구하세요.

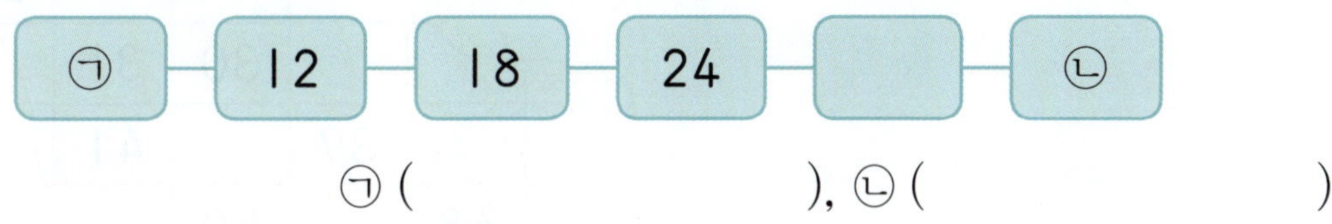

㉠ (   ), ㉡ (   )

8 각각의 규칙에 따라 수를 늘어놓았습니다. ㉠과 ㉡ 중 아홉째 수가 더 큰 것을 찾아 기호를 써 보세요.

| ㉠ | 63 | 57 | 51 | 45 | ⋯ |

| ㉡ | 38 | 35 | 32 | 29 | ⋯ |

(   )

9 수 배열표의 일부분입니다. 규칙에 따라 ♥에 알맞은 수를 구하세요.

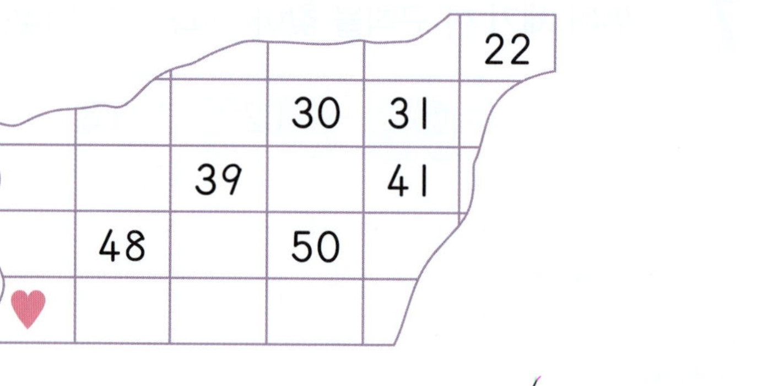

(   )

6. 덧셈과 뺄셈 (3)

>> 정답 및 풀이 **55**쪽

본문 '유형 변형'의 반복학습입니다.

대표 유형 01

1 다음과 같이 합이 69인 두 수가 있습니다. 이 두 수의 차를 구하세요.

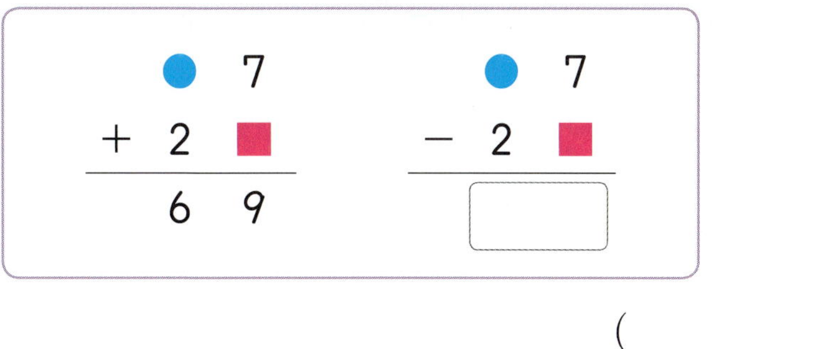

(   )

대표 유형 02

2 ☐ 안에 들어갈 수 있는 가장 큰 수를 구하세요.

$$48 - \square > 23 + 16$$

(   )

대표 유형 03

3 4장의 수 카드를 한 번씩 모두 사용하여 (몇십몇)+(몇십몇)을 만들려고 합니다. 만들 수 있는 덧셈식의 계산 결과가 가장 클 때의 값을 구하세요.

(   )

대표 유형 04

4 지수의 아버지의 나이는 56살이고, 어머니는 아버지보다 4살 더 적습니다. 지수는 어머니보다 40살 더 적을 때 지수의 나이는 몇 살인지 구하세요.

(   )

대표 유형 05

5 형주는 가지고 있던 색종이 중에서 23장을 사용하고 14장은 친구에게 주었더니 41장이 남았습니다. 형주가 처음에 가지고 있던 색종이는 몇 장일까요?

(   )

대표 유형 06

6 같은 모양은 같은 수를 나타냅니다. ■와 ★에 알맞은 수를 각각 구하세요.

$$▲ + ▲ = 24$$
$$■ + ▲ = 57$$
$$★ - ■ = 14$$

■ (   ), ★ (   )

대표 유형 07

7 합이 43이 되는 두 수와 차가 11이 되는 두 수 중에서 같은 수를 구하세요.

| 33 | 20 | 23 | 55 | 34 |

(   )

6. 덧셈과 뺄셈 (3)

➤➤ 정답 및 풀이 **55**쪽

본문 '실전 적용'의 반복학습입니다.

1 오른쪽 뺄셈식에서 ㉠과 ㉡에 알맞은 수를 각각 구하세요.

$$\begin{array}{r} ㉠\ 9 \\ -\ 4\ ㉡ \\ \hline 2\ 4 \end{array}$$

㉠ (   )

㉡ (   )

2 1부터 9까지의 수 중에서 ☐ 안에 들어갈 수 있는 수를 모두 구하세요.

$$97-45>\boxed{}7$$

(   )

3 예지는 딱지를 27장 가지고 있습니다. 혜진이는 예지보다 5장 더 적게, 성호는 혜진이보다 14장 더 많이 가지고 있습니다. 성호가 가지고 있는 딱지는 몇 장일까요?

(   )

4 합이 76이 되는 두 수를 찾아 써 보세요.

| 41 | 23 | 42 | 25 | 34 |

(   )

5 4장의 수 카드 중에서 2장을 골라 한 번씩만 사용하여 몇십몇을 만들려고 합니다. 만들 수 있는 수 중에서 두 번째로 큰 수와 두 번째로 작은 수의 합을 구하세요.

| 4 | 7 | 2 | 3 |

(   )

6 같은 모양은 같은 수를 나타냅니다. ●에 알맞은 수를 구하세요.

$$13+21=\blacksquare, \quad \blacksquare+\bullet=79$$

(   )

7 1부터 9까지의 수 중에서 ☐ 안에 들어갈 수 있는 수는 모두 몇 개일까요?

$$59-\square > 34+22$$

(   )

8 어떤 수에 42를 더해야 하는데 잘못하여 뺐더니 15가 되었습니다. 바르게 계산한 값을 구하세요.

(   )

9 4장의 수 카드를 한 번씩 모두 사용하여 (몇십몇)+(몇십몇)을 만들려고 합니다.
만들 수 있는 덧셈식의 계산 결과가 가장 작을 때의 값을 구하세요.

5   4   2   1

(   )

10 두 수를 골라 차가 14가 되는 뺄셈식을 모두 몇 개 만들 수 있을까요?

30　41　51　54　55　69

(   )

우리 아이만
알고 싶은
상위권의
시작

최고를
경험해 본 아이의 성취감은
학년이 오를수록
빛을 발합니다

완 성

최고수준

문제

초등수학
5-2

*1~6학년 / 학기별 출시
동영상 강의 제공

복습은
이안에
있어!

최고수준S

초등 문해력
독해가 힘이다
문장제 수학편

🔍 문해력을 키우면 정답이 보인다

초등 문해력 독해가 힘이다
문장제 수학편 (초등 1~6학년 / 단계별)

짧은 문장 연습부터 긴 문장 연습까지 문장을 읽고 이해하며 해결하는 연습을 하여
수학 문해력을 길러주는 문장제 연습 교재

영어 알파벳 중에서 가장 위대한 세 철자는
N, O, W
곧 지금(NOW)이다.

The three greatest English alphabets are N, O, W,
which means now.

월터 스콧

언젠가는 해야지, 언젠가는 달라질 거야!
'언젠가는'이라는 말에 자신의 미래를 맡기지 마세요.
해야 할 일, 하고 싶은 일은 지금 당장 실행에 옮기세요.
가장 중요한 건 과거도 미래도 아닌 바로 지금이니까요.

천재교육

정답 및 풀이
포인트 3가지

▶ 혼자서도 이해할 수 있는 친절한 문제 풀이

▶ 참고, 주의 등 자세한 풀이 제시

▶ 다른 풀이를 제시하여 다양한 방법으로 문제 풀이 가능

정답 및 풀이

1 100까지의 수

99까지의 수

01 (1) 7 (2) 9 **02**

03 9 **04** 8묶음
05 6명, 5개 **06** 73

01 ■0은 10개씩 묶음이 ■개입니다.

02 62(육십이, 예순둘), 71(칠십일, 일흔하나),
85(팔십오, 여든다섯)

03 아흔일곱은 97이고, 97은 10개씩 묶음 9개와
낱개 7개입니다.

04 80은 10개씩 묶음이 8개입니다.
⇨ 연필은 8묶음이 됩니다.

05 65는 10개씩 묶음 6개와 낱개 5개입니다.
⇨ 사탕은 6명까지 나누어 줄 수 있고, 5개가 남습니다.

06 낱개 13개는 10개씩 묶음 1개, 낱개 3개와 같습니다.
⇨ 10개씩 묶음 6개와 낱개 13개인 수
⇨ 10개씩 묶음 7개와 낱개 3개인 수
⇨ 73

수의 순서

01 (1) 65, 66, 67 (2) 96, 99, 100
02 88, 90 **03** ㉢
04 64개 **05** 78, 79, 80, 81
06 3개

02 • 89보다 1만큼 더 작은 수:
89 바로 앞의 수인 88입니다.
• 89보다 1만큼 더 큰 수:
89 바로 뒤의 수인 90입니다.

03 ㉠, ㉡: 100 ㉢: 98
⇨ 100을 나타내는 수가 아닌 것은 ㉢입니다.

04 63보다 1만큼 더 큰 수는 64입니다.
⇨ 연우가 접은 종이학은 64개입니다.

05 77−78−79−80−81−82
77과 82 사이에 있는 수

06 59−60−61−62−63 ⇨ 3개
59와 63 사이에 있는 수

두 수의 크기 비교, 짝수와 홀수

01 (1) < (2) < **02** 7, 15
03 76, 74, 58 **04** 50, 52 / 77, 85
05 준기, 서준, 윤아 **06** 98, 68

01 (1) 84<91 (2) 66<67
        8<9   6<7

02 낱개의 수가 1, 3, 5, 7, 9인 수를 모두 찾습니다.

03 10개씩 묶음의 수를 비교하면 58이 가장 작습니다.
74<76이므로 큰 수부터 순서대로 써 보면
76, 74, 58입니다.

04 • 짝수: 52, 50 ⇨ 50<52
                        0<2
• 홀수: 77, 85 ⇨ 77<85
                        7<8

05 70>65>63이므로 자두를 많이 딴 순서대로
이름을 써 보면 준기, 서준, 윤아입니다.

06 9>8>6
• 가장 큰 몇십몇: 가장 큰 수부터 10개씩 묶음의
자리, 낱개의 자리에 순서대로 놓습니다. ⇨ 98
• 가장 작은 몇십몇: 가장 작은 수부터 10개씩 묶음
의 자리, 낱개의 자리에 순서대로 놓습니다. ⇨ 68

대표 유형 01 76

❶ 오른쪽으로 한 칸 갈 때마다 ☐1☐씩 커지고

아래쪽으로 한 칸 갈 때마다 ☐5☐씩 커집니다.

❷ ㉡에 알맞은 수: 69보다 2만큼 더 큰 수인 ☐71☐입니다.

❸ ㉠에 알맞은 수: ㉡보다 5만큼 더 큰 수인 ☐76☐입니다.

예제 97

78	79	80	81			
	86	87			㉡	
					㉠	

❶ 오른쪽으로 한 칸 갈 때마다 1씩 커지고 아래쪽으로 한 칸 갈 때마다 7씩 커집니다.
❷ ㉡에 알맞은 수: 87보다 3만큼 더 큰 수인 90입니다.
❸ ㉠에 알맞은 수: ㉡(90)보다 7만큼 더 큰 수인 97입니다.

01-1 88

51	52	53	54						60
	62			65	66		㉡		
71	72								
							㉠		

❶ 오른쪽으로 한 칸 갈 때마다 1씩 커지고 아래쪽으로 한 칸 갈 때마다 10씩 커집니다.
❷ ㉡에 알맞은 수: 66보다 2만큼 더 큰 수인 68입니다.
❸ ㉠에 알맞은 수: ㉡(68)보다 20만큼 더 큰 수인 88입니다.

01-2 ㉠ 84, ㉡ 96

58	59		61					66	67
				72	73				
						㉠			
								㉡	

❶ 오른쪽으로 한 칸 갈 때마다 1씩 커지고 아래쪽으로 한 칸 갈 때마다 10씩 커집니다.
❷ ㉠에 알맞은 수: 73보다 1만큼 더 큰 수는 74이고, 74보다 10만큼 더 큰 수는 84이므로 84입니다.
❸ ㉡에 알맞은 수: 66보다 30만큼 더 큰 수인 96입니다.

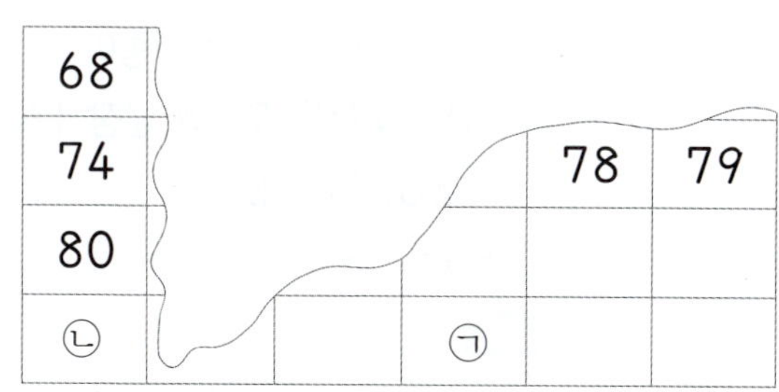

❶ 오른쪽으로 한 칸 갈 때마다 |씩 커지고 아래쪽으로 한 칸 갈 때마다 6씩 커집니다.

❷ ⓛ에 알맞은 수: 80보다 6만큼 더 큰 수인 86입니다.

❸ ⓘ에 알맞은 수: ⓛ(86)보다 3만큼 더 큰 수인 89입니다.

대표 유형 **02**
6, 7, 8, 9

❶ |0개씩 묶음의 수가 6으로 같으므로 낱개의 수를 비교하면 ■는 5 보다 커야 합니다.

❷ ■에 들어갈 수 있는 수: 6, 7 , 8 , 9

예제
0, |, 2

❶ |0개씩 묶음의 수가 7로 같으므로 낱개의 수를 비교하면 ☐는 3보다 작아야 합니다.

❷ ☐ 안에 들어갈 수 있는 수: 0, |, 2

02-1
6, 7, 8, 9

❶ 낱개의 수가 57이 더 크므로 |0개씩 묶음의 수를 비교하면 ☐는 5보다 커야 합니다.

❷ ☐ 안에 들어갈 수 있는 수: 6, 7, 8, 9

02-2
7

❶ 낱개의 수가 ☐6이 더 크므로 |0개씩 묶음의 수를 비교하면 ☐는 8보다 작아야 합니다.

❷ ☐ 안에 들어갈 수 있는 수는 |, 2, 3, 4, 5, 6, 7이고 이 중 가장 큰 수는 7입니다.

02-3
8, 9

❶ 96<9☐에서 |0개씩 묶음의 수가 9로 같으므로 낱개의 수를 비교하면 ☐는 6보다 커야 합니다. ⇨ ☐=7, 8, 9

❷ ☐5>76에서 낱개의 수가 76이 더 크므로 |0개씩 묶음의 수를 비교하면 ☐는 7보다 커야 합니다. ⇨ ☐=8, 9

❸ ☐ 안에 공통으로 들어갈 수 있는 수: 8, 9

대표 유형 **03** 선호

❶ 선호가 가지고 있는 구슬 수:

|0개씩 묶음 5개와 낱개 |3개는

|0개씩 묶음 5+|= 6 (개), 낱개 3개와 같으므로 63 개입니다.

❷ 63 > 61 이므로

(선호)　　(지아)

구슬을 더 많이 가지고 있는 사람은 선호 입니다.

❶ 승우가 가지고 있는 색종이 수:

10장씩 묶음 7개와 낱장 16장은 10장씩 묶음 7＋1＝8(개), 낱장 6장과 같으므로 86장입니다.

❷ 86＜88이므로 색종이를 더 많이 가지고 있는 사람은 세희입니다.

참고

10개씩 묶음 ■개와 낱개 ▲●개인 수
⇨ 10개씩 묶음 (■＋▲)개와 낱개 ●개인 수를 이용합니다.

03-1 가은

❶ 현우가 주운 밤의 수:

10개씩 묶음 4개와 낱개 25개는 10개씩 묶음 4＋2＝6(개), 낱개 5개와 같으므로 65개입니다.

❷ 65＞63이므로 밤을 더 적게 주운 사람은 가은입니다.

03-2 주호

❶ 주호가 접은 종이학의 수:

10개씩 묶음 9개는 90개입니다.

❷ 서윤이가 접은 종이학의 수:

10개씩 묶음 7개와 낱개 17개는 10개씩 묶음 7＋1＝8(개), 낱개 7개와 같으므로 87개입니다.

❸ 90＞87이므로 종이학을 더 많이 접은 사람은 주호입니다.

03-3 수아, 슬기, 연우

❶ 연우가 모은 칭찬 붙임 딱지 수: 10장씩 묶음 7개와 낱장 6장은 76장입니다.

❷ 수아가 모은 칭찬 붙임 딱지 수: 10장씩 묶음 6개와 낱장 21장은 10장씩 묶음 6＋2＝8(개), 낱장 1장과 같으므로 81장입니다.

❸ 슬기가 모은 칭찬 붙임 딱지 수: 76장보다 1장 더 많이 모았으므로 77장입니다.

❹ 81＞77＞76이므로 칭찬 붙임 딱지를 많이 모은 순서대로 이름을 써 보면 수아, 슬기, 연우입니다.

대표 유형 04

예은, 승민,
석진, 지수

❶ 10개씩 묶음의 수가 클수록 큰 수이므로 10개씩 묶음의 수를 비교합니다.

➔ 8＞7＞ 6 ＞ 5

❷ 공깃돌을 많이 가지고 있는 순서대로 이름을 써 보면

예은, 승민 , 석진 , 지수 입니다.

예제 영서, 선아,
재민, 승규

❶ 10개씩 묶음의 수가 클수록 큰 수이므로 10개씩 묶음의 수를 비교합니다.

⇨ 9＞7＞6＞5

❷ 붙임 딱지를 많이 가지고 있는 순서대로 이름을 써 보면 영서, 선아, 재민, 승규입니다.

04-1 3

❶ 색종이를 승아가 둘째로 많이 가지고 있으므로 64>6◯>62>59

❷ 6◯는 62보다 크고 64보다 작으므로 ◯ 안에 알맞은 수는 3입니다.

04-2 7

❶ 100원짜리 동전을 다인이가 둘째로 적게 모았으므로 76<7◯<78<83

❷ 7◯는 76보다 크고 78보다 작으므로 ◯ 안에 알맞은 수는 7입니다.

04-3 4, 5

❶ 연필을 규인이가 셋째로 많이 가지고 있으므로 60>56>5◯>53

❷ 5◯는 53보다 크고 56보다 작으므로 ◯ 안에 들어갈 수 있는 수는 4, 5입니다.

대표 유형 05 4개

❶ 65보다 큰 수를 만들 때 10개씩 묶음의 수가 될 수 있는 수: 6, 8

❷ 만들 수 있는 몇십몇 중에서 65보다 큰 수:

68, 82 , 85 , 86 ➡ 4 개

예제 5개

❶ 71보다 큰 수를 만들 때 10개씩 묶음의 수가 될 수 있는 수: 7, 9

❷ 만들 수 있는 몇십몇 중에서 71보다 큰 수: 74, 79, 91, 94, 97 ⇨ 5개

05-1 4개

❶ 68보다 작은 수를 만들 때 10개씩 묶음의 수가 될 수 있는 수: 5, 6

❷ 만들 수 있는 몇십몇 중에서 68보다 작은 수: 56, 58, 59, 65 ⇨ 4개

05-2 78, 79, 81

❶ 73보다 크고 83보다 작은 수를 만들 때 10개씩 묶음의 수가 될 수 있는 수: 7, 8

❷ 만들 수 있는 몇십몇 중에서 73보다 크고 83보다 작은 수: 78, 79, 81

05-3 6개

❶ 62보다 크고 96보다 작은 수를 만들 때 10개씩 묶음의 수가 될 수 있는 수: 6, 9

❷ 만들 수 있는 몇십몇 중에서 62보다 크고 96보다 작은 수:
64, 65, 69, 92, 94, 95 ⇨ 6개

대표 유형 06 75

❶ 71부터 1씩 커지는 수를 순서대로 써 보면

71, [72], [73], [74], [75], …

3개

❷ ㉠에 알맞은 수: [75]

예제 93

❶ 88부터 1씩 커지는 수를 순서대로 써 보면

88, 89, 90, 91, 92, 93, …

4개 └→㉠

❷ ㉠에 알맞은 수: 93

06-1 55

❶ 60부터 1씩 작아지는 수를 순서대로 써 보면

60, 59, 58, 57, 56, 55, …

4개 └→㉠

❷ ㉠에 알맞은 수: 55

06-2 86

❶ 92부터 1씩 작아지는 수를 순서대로 써 보면

92, 91, 90, 89, 88, 87, 86, …

5개 └→㉠

❷ ㉠에 알맞은 수: 86

06-3 52, 58

㉠에 들어갈 수 있는 수가 55보다 작을 때와 클 때를 각각 알아봅니다.

❶ ㉠에 들어갈 수 있는 수가 55보다 작을 때:

55부터 1씩 작아지는 수를 순서대로 써 보면 55, 54, 53, 52, …

⇨ ㉠에 들어갈 수 있는 수: 52

2개 └→㉠

❷ ㉠에 들어갈 수 있는 수가 55보다 클 때:

55부터 1씩 커지는 수를 순서대로 써 보면 55, 56, 57, 58, …

⇨ ㉠에 들어갈 수 있는 수: 58

2개 └→㉠

06-4 84

❶ 76부터 짝수를 순서대로 써 보면

76, 78, 80, 82, …

3개

❷ ㉠에 들어갈 수 있는 수는 83, 84이고 이 중 가장 큰 수는 84입니다.

참고

· 짝수: 낱개의 수가 2, 4, 6, 8, 0인 수
· 홀수: 낱개의 수가 1, 3, 5, 7, 9인 수

① 어떤 수 ← 1만큼 더 큰 수 → 56
1만큼 더 작은 수

➡ 어떤 수: 56보다 1만큼 더 작은 수인 **55** 입니다.

② 어떤 수보다 1만큼 더 작은 수: **54**

예제 68

① 어떤 수 ← 1만큼 더 큰 수 → 70
1만큼 더 작은 수

➡ 어떤 수: 70보다 1만큼 더 작은 수인 69입니다.

② 어떤 수보다 1만큼 더 작은 수: 68

07-1 66

① 어떤 수 ← 1만큼 더 작은 수 → 63
1만큼 더 큰 수

➡ 어떤 수: 63보다 1만큼 더 큰 수인 64입니다.

② 어떤 수보다 2만큼 더 큰 수: 66

07-2 65

① 어떤 수 ← 5만큼 더 큰 수 → 75
5만큼 더 작은 수

➡ 어떤 수: 75보다 5만큼 더 작은 수인 70입니다.

② 어떤 수보다 5만큼 더 작은 수: 65

07-3 91

① 어떤 수 ← 10만큼 더 작은 수 → 80
10만큼 더 큰 수

➡ 어떤 수: 80보다 10만큼 더 큰 수인 90입니다.

② 어떤 수보다 1만큼 더 큰 수: 91

07-4 72

① 어떤 수 ← 10만큼 더 작은 수 → 52
10만큼 더 큰 수

➡ 어떤 수: 52보다 10만큼 더 큰 수인 62입니다.

② 바르게 구한 값: 62보다 10만큼 더 큰 수인 72입니다.

❶ 65보다 크고 73보다 작은 수:

66, 67, 68, 69, 70 , 71 , 72

❷ ❶에서 구한 수 중 홀수:

67, 69 , 71

예제 78, 80, 82, 84

❶ 77보다 크고 85보다 작은 수: 78, 79, 80, 81, 82, 83, 84
❷ ❶에서 구한 수 중 짝수: 78, 80, 82, 84

08-1 77

❶ 69보다 크고 79보다 작은 수: 70, 71, 72, 73, 74, 75, 76, 77, 78
❷ ❶에서 구한 수 중 10개씩 묶음의 수와 낱개의 수가 같은 수: 77

08-2 3개

❶ 56보다 크고 63보다 작은 수: 57, 58, 59, 60, 61, 62
❷ ❶에서 구한 수 중 10개씩 묶음의 수가 낱개의 수보다 큰 수: 60, 61, 62 ⇨ 3개

08-3 68, 78

❶ 64보다 크고 80보다 작은 짝수: 66, 68, 70, 72, 74, 76, 78
❷ ❶에서 구한 수 중 10개씩 묶음의 수가 낱개의 수보다 작은 수: 68, 78

28~31쪽

01 ㉠ 76, ㉡ 79

❶ 오른쪽으로 한 칸 갈 때마다 1씩 커지고 아래쪽으로 한 칸 갈 때마다 10씩 커집니다.
❷ ㉠에 알맞은 수: 66보다 10만큼 더 큰 수인 76입니다.
❸ ㉡에 알맞은 수: ㉠(76)보다 3만큼 더 큰 수인 79입니다.

02 6

❶ 낱개의 수가 ☐8이 더 크므로 10개씩 묶음의 수를 비교하면 ☐는 7보다 작아야 합니다.
❷ ☐ 안에 들어갈 수 있는 수는 1, 2, 3, 4, 5, 6이고 이 중 가장 큰 수는 6입니다.

03 3개

❶ 10개씩 묶음 7개와 낱개 27개는 10개씩 묶음 7+2=9(개), 낱개 7개와 같으므로 97개입니다.
❷ 97-98-99-100에서 97보다 3만큼 더 큰 수가 100이므로 수수깡이 100개가 되려면 3개가 더 있어야 합니다.

04 노랑

❶ 10개씩 묶음의 수를 비교하면 파랑 색종이가 가장 많고, 빨강 색종이가 가장 적습니다.

❷ 색종이의 수는 색깔별로 모두 다르므로 초록 색종이가 노랑 색종이보다 더 많습니다.

❸ 색종이의 수가 많은 순서대로 색종이의 색깔을 써 보면 파랑, 초록, 노랑, 빨강입니다.
⇨ 셋째로 많이 가지고 있는 색종이는 노랑 색종이입니다.

05 주아

❶ 한결이가 가지고 있는 딱지의 수:
10장씩 묶음 6개는 60장입니다.

❷ 주아가 가지고 있는 딱지의 수:
10장씩 묶음 5개와 낱장 12장은 10장씩 묶음 5+1=6(개), 낱장 2장과 같으므로 62장입니다.

❸ 60<62이므로 딱지를 더 많이 가지고 있는 사람은 주아입니다.

06 6개

❶ 홀수일 때 낱개의 수가 될 수 있는 수: 7, 9

❷ 만들 수 있는 수 중에서 홀수: 67, 69, 79, 87, 89, 97 ⇨ 6개

07 54

❶
| 어떤 수 | 10만큼 더 큰 수 → / ← 10만큼 더 작은 수 | 65 |

⇨ 어떤 수: 65보다 10만큼 더 작은 수인 55입니다.

❷ 어떤 수보다 1만큼 더 작은 수: 54

08 78, 86

❶ ㉠에 들어갈 수 있는 수가 82보다 작을 때:
82부터 1씩 작아지는 수를 순서대로 써 보면 82, 81, 80, 79, 78, …
⇨ ㉠에 들어갈 수 있는 수: 78

❷ ㉠에 들어갈 수 있는 수가 82보다 클 때:
82부터 1씩 커지는 수를 순서대로 써 보면 82, 83, 84, 85, 86, …
⇨ ㉠에 들어갈 수 있는 수: 86

09 8

❶ 딸기를 수민이가 셋째로 많이 땄으므로 72>69>6☐>66

❷ 6☐는 66보다 크고 69보다 작으므로 ☐ 안에 들어갈 수 있는 수는 7, 8이고
이 중 가장 큰 수는 8입니다.

10 62, 71, 80

❶ 60보다 크고 99보다 작은 수: 6☐, 7☐, 8☐, 9☐

❷ ❶에서 구한 수 중 10개씩 묶음의 수와 낱개의 수의 합이 8인 수:
62, 71, 80

2 덧셈과 뺄셈 (1)

세 수의 덧셈, 세 수의 뺄셈

01 ㉡ **02** (　　)(○)
03 [그림: 선 잇기] **04** ㅣ, 3 (또는 3, ㅣ)
05 3, 5 (또는 5, 3)

01 ㉠ 2+5+1=8 ㉡ 4+2+3=9
8<9이므로 계산 결과가 더 큰 것은 ㉡입니다.

02 세 수의 뺄셈은 앞에서부터 두 수씩 차례대로 계산해야 하므로 바르게 계산한 것은 오른쪽입니다.

03 3+2+1=6, 2+1+1=4, 8-1-3=4,
9-2-1=6

04 두 장의 카드의 수를 더하여 4가 되는 두 수는 ㅣ과 3이므로 4+1+3=8 또는 4+3+1=8입니다.

05 9에서 순서대로 빼었을 때 ㅣ이 나오는 두 장의 카드의 수는 3과 5이므로 9-3-5=ㅣ 또는 9-5-3=ㅣ입니다.

ㅣ0이 되는 더하기, ㅣ0에서 빼기

01 (1) ㅣ0 (2) ㅣ0 (3) 8 (4) 3
02 (　　)(○)(　　)
03 ㉡
04 (1) ㅣ (2) 6 (3) 3 (4) ㅣ0
05 6개 **06** ㉠

02 6+4=10, 2+5=7, 3+7=10

03 ㉠ 10-6=4

04 (1) □+9=ㅣ0에서 ㅣ+9=ㅣ0이므로 □=ㅣ
(2) ㅣ0-□=4에서 ㅣ0-6=4이므로 □=6
(3) 7+□=ㅣ0에서 7+3=ㅣ0이므로 □=3
(4) □-8=2에서 ㅣ0-8=2이므로 □=ㅣ0

05 처음 상자에 들어 있던 감자의 수를 □개라 하면
□+4=ㅣ0
⇨ 6+4=ㅣ0이므로 □=6
처음 상자에 들어 있던 감자는 6개입니다.

06 ㉠ □+5=ㅣ0에서 5+5=ㅣ0이므로 □=5
㉡ ㅣ0-□=6에서 ㅣ0-4=6이므로 □=4
⇨ 5>4이므로 □ 안에 알맞은 수가 더 큰 것은 ㉠입니다.

ㅣ0을 만들어 더하기

01 (1) ㅣ0, ㅣㅣ (2) ㅣ0, ㅣ9
02 ㅣ4 **03** >
04 ㅣ2명 **05** ②
06 예 8+ㅣ+9=ㅣ8, 예 8+2+8=ㅣ8

02 ㅣ+9+4=ㅣ0+4=ㅣ4

03 2+8+7=ㅣ0+7=ㅣ7,
5+6+4=5+ㅣ0=ㅣ5
⇨ ㅣ7>ㅣ5

04 (버스에 타고 있는 학생 수)
=2+6+4=2+ㅣ0=ㅣ2(명)

05 6+4+□=ㅣ2에서 6+4=ㅣ0
⇨ ㅣ0+□=ㅣ2이므로 □=2
따라서 나머지 한 주사위의 눈으로 알맞은 것은 ②입니다.

06 8+■+▲=ㅣ8에서 ■+▲=ㅣ8-8, ■+▲=ㅣ0입니다.
이때 (■, ▲)가 될 수 있는 수는 다음과 같습니다.
(ㅣ, 9), (2, 8), (3, 7), (4, 6), (5, 5), (6, 4), (7, 3), (8, 2), (9, ㅣ)
따라서 만들 수 있는 덧셈식은 8+ㅣ+9=ㅣ8,
8+2+8=ㅣ8, 8+3+7=ㅣ8,
8+4+6=ㅣ8, 8+5+5=ㅣ8,
8+6+4=ㅣ8, 8+7+3=ㅣ8,
8+8+2=ㅣ8, 8+9+ㅣ=ㅣ8입니다.

대표 유형 01 3가지

❶ 더해서 10이 되는 두 수를 찾으면
(1, 9), (2 , 8), (3, 7)입니다.
❷ 두 수를 더해서 10이 되는 경우는 모두 3 가지입니다.

예제 4가지

❶ 더해서 10이 되는 두 수를 찾으면 (1, 9), (2, 8), (3, 7), (4, 6)입니다.
❷ 두 수를 더해서 10이 되는 경우는 모두 4가지입니다.

01-1 2가지

❶ 더해서 10이 되는 두 수를 찾으면 (4, 6), (1, 9)입니다.
❷ 두 수를 더해서 10이 되는 경우는 모두 2가지입니다.

01-2 4

❶ 더해서 10이 되는 두 수를 찾으면 (2, 8), (9, 1)입니다.
❷ 더해서 10이 되는 두 수끼리 모두 짝 지었을 때 남는 수는 4입니다.

01-3 풀이 참조

❶ 더해서 10이 되는 두 수를 찾으면 (1, 9), (2, 8), (3, 7), (4, 6), (5, 5)입니다.
❷ 가까이에 닿아 있는 두 수가 (1, 9), (2, 8), (3, 7), (4, 6), (5, 5)인 것을 모두 찾아 묶습니다.

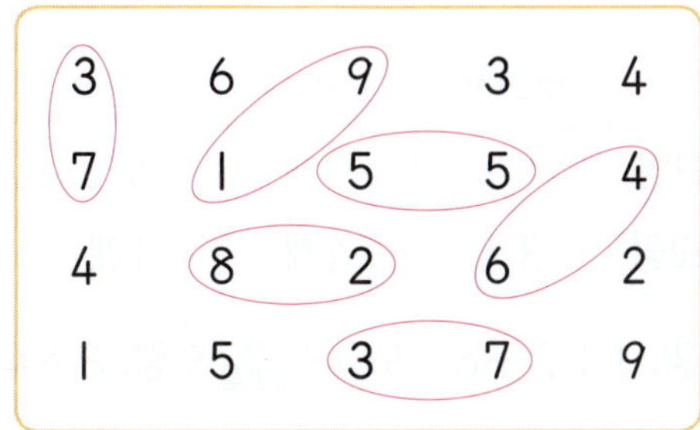

참고

더해서 10이 되는 두 수를 가로(↔), 세로(↕), 대각선(↘, ↗) 방향에서 찾습니다.

대표 유형 02 15개, 16개

❶ 색깔별로 ■ 모양과 ▲ 모양의 수를 각각 세어 봅니다.

	파란색	빨간색	보라색
■ 모양	4개	6개	5개
▲ 모양	6개	7개	3개

❷ ■ 모양은 4 + 6 + 5 = 15 (개),

▲ 모양은 6 + 7 + 3 = 16 (개) 있습니다.

❶ 색깔별로 ⬤ 모양과 ▲ 모양의 수를 각각 세어 봅니다.

	노란색	보라색	빨간색
⬤ 모양	3개	2개	8개
▲ 모양	6개	4개		개

❷ ⬤ 모양은 3+2+8=| 3(개), ▲ 모양은 6+4+|=| | (개) 있습니다.

02-1 ⬛ 모양

❶

	빨간색	보라색	파란색
⬛ 모양	5개	5개	3개
▲ 모양	2개	3개	7개

❷ ⬛ 모양: 5+5+3=| 3(개), ▲ 모양: 2+3+7=| 2(개)

❸ | 3>| 2이므로 개수가 더 많은 것은 ⬛ 모양입니다.

02-2 ⬤ 모양

❶

	초록색	빨간색	노란색
⬛ 모양	7개	3개	5개
⬤ 모양	2개	6개	4개

❷ ⬛ 모양: 7+3+5=| 5(개), ⬤ 모양: 2+6+4=| 2(개)

❸ | 5>| 2이므로 개수가 더 적은 것은 ⬤ 모양입니다.

02-3 | 개

❶

	보라색	노란색	빨간색
⬤ 모양		개	2개	6개
▲ 모양	3개	4개		개

❷ ⬤ 모양: |+2+6=9(개), ▲ 모양: 3+4+|=8(개)

❸ ⬤ 모양은 ▲ 모양보다 9-8=| (개) 더 많습니다.

대표 유형 03　3명

❶ 버스에 남은 사람 수는 처음에 타고 있던 사람 수에서
도서관 앞과 학교 앞에서 내린 사람 수를 차례대로 빼어 계산할 수 있습니다.

❷ 뺄셈식으로 나타내면 | 0 - 4 - 3 = 3 (명)입니다.

도서관 앞에서 내린 사람 수
학교 앞에서 내린 사람 수

❸ 버스에 남은 사람은 3 명입니다.

예제　7명

❶ 엘리베이터에 남은 사람 수는 처음에 타고 있던 사람 수에서 3층과 4층에서 내린
사람 수를 차례대로 빼어 계산할 수 있습니다.

❷ 뺄셈식으로 나타내면 | 0-2-|=7(명)입니다.

❸ 엘리베이터에 남은 사람은 7명입니다.

03 -1 2개

❶ (남은 딸기의 수)
　＝(처음 딸기의 수)－(유정이가 먹은 딸기의 수)－(지웅이가 먹은 딸기의 수)
　＝10－3－5＝2(개)
❷ 남은 딸기는 2개입니다.

03 -2 4권

❶ (남은 공책의 수)
　＝(처음 공책의 수)－(친구에게 준 공책의 수)－(동생에게 준 공책의 수)
　＝10－4－2＝4(권)
❷ 남은 공책은 4권입니다.

03 -3 3쪽

❶ (남은 쪽수)＝(전체 쪽수)－(첫째 날 읽은 쪽수)－(둘째 날 읽은 쪽수)
　　　　　＝10－6－1＝3(쪽)
❷ 남은 쪽수는 3쪽입니다.

03 -4 3개

❶ (남은 공의 수)＝(처음 공의 수)－(호영이가 꺼낸 공의 수)－(수진이가 꺼낸 공의 수)
❷ 수진이가 꺼낸 공의 수를 ☐라 하면
　10－2－☐＝5, 8－☐＝5 ⇨ 8－3＝5, ☐＝3
❸ 수진이가 꺼낸 공은 3개입니다.

대표 유형 04 1, 9, 6

❶ 10과 ⬚6 의 합이 16이므로 합이 10이 되는 두 수와 ⬚6 을/를 골라야 합니다.
❷ 1과 ⬚9 의 합이 10이므로 합이 16이 되는 세 수는 1, ⬚9 , ⬚6 입니다.

예제 4, 3, 7

❶ 10과 4의 합이 14이므로 합이 10이 되는 두 수와 4를 골라야 합니다.
❷ 3과 7의 합이 10이므로 합이 14가 되는 세 수는 4, 3, 7입니다.

04 -1 6

❶ 6과 4의 합이 10이므로 합이 15가 되는 세 수는 6, 5, 4입니다.
❷ 6, 5, 4 중에서 가장 큰 수는 6입니다.

04 -2 2

❶ 2와 8의 합이 10이므로 합이 13이 되는 세 수는 2, 3, 8입니다.
❷ 2, 3, 8 중에서 가장 작은 수는 2입니다.

04 -3
예 9＋1＋7＝17, 4

❶ 9와 1의 합이 10이므로 합이 17이 되는 세 수는 9, 1, 7입니다.
❷ 세 수의 합이 17이 되는 덧셈식은 9＋1＋7＝17이고, 사용하지 않고 남은 수는 4입니다.

참고

9＋7＋1＝17, 1＋9＋7＝17, 1＋7＋9＝17, 7＋9＋1＝17, 7＋1＋9＝17과 같이 덧셈식을 만들 수 있습니다.

❶ (예지가 모은 붙임 딱지의 수)= 7 − 1 = 6 (장)
   ┗→ 희정이가 모은 붙임 딱지의 수

❷ (세 사람이 모은 붙임 딱지의 수)=7+4+ 6
   =7+ 10 = 17 (장)

❸ 세 사람이 모은 붙임 딱지는 모두 17 장입니다.

예제 18개

❶ (경미가 가지고 있는 초콜릿의 수)=8−3=5(개)
❷ (세 사람이 가지고 있는 초콜릿의 수)=8+5+5=8+10=18(개)
❸ 세 사람이 가지고 있는 초콜릿은 모두 18개입니다.

05-1 9권

❶ (과학책의 수)=2+2=4(권)
❷ (현아가 읽은 책의 수)=3+2+4=9(권)

05-2 7개

❶ (감의 수)=1+1=2(개)
❷ (과일의 수)=4+1+2=7(개)

05-3 19살

❶ (예린이의 나이)=9−3=6(살)
❷ (동생의 나이)=6−2=4(살)
❸ (세 사람의 나이의 합)=9+6+4=9+10=19(살)

대표 유형 **06** 9

❶ 네 수 사이의 규칙을 식으로 나타냅니다.

→ 1+1+3=5   →4+1+1= 6

→ 3+2+3= 8

❷ 규칙 바깥쪽 세 수를 (더한, 뺀) 값이 가운데 수가 됩니다.

❸ ㉠에 알맞은 수를 구하면 2+5+ 2 = 9 입니다.

예제 7

❶ 네 수 사이의 규칙을 식으로 나타냅니다.

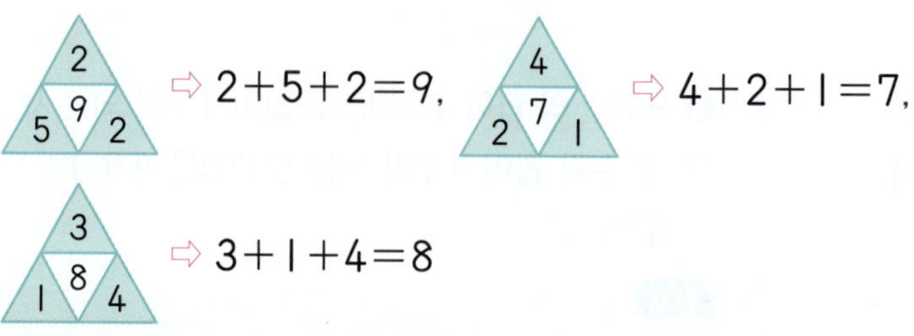

⇨ 2+5+2=9,   ⇨ 4+2+1=7,

⇨ 3+1+4=8

❷ 바깥쪽 세 수를 더한 값이 가운데 수가 되는 규칙입니다.
❸ 빈칸에 알맞은 수를 구하면 1+3+3=7입니다.

❶ 다섯 수 사이의 규칙을 식으로 나타냅니다.

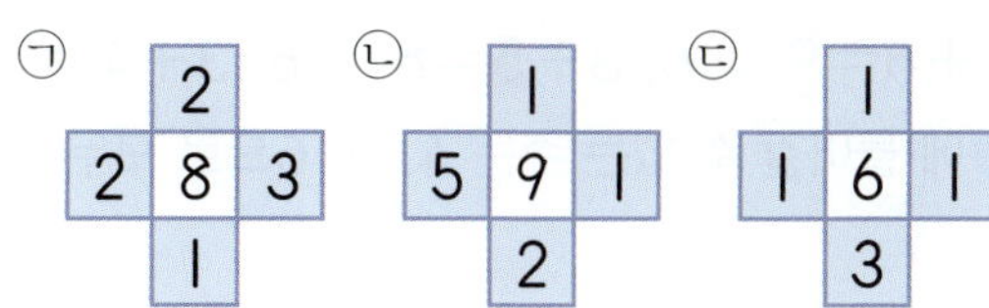

  ㉠ $2+2+1+3=4+1+3=8$
  ㉡ $1+5+2+1=6+2+1=9$
  ㉢ $1+1+3+1=2+3+1=6$

❷ 바깥쪽 네 수를 더한 값이 가운데 수가 되는 규칙입니다.

❸ 빈칸에 알맞은 수를 구하면 $1+2+3+4=3+3+4=6+4=10$입니다.

❶ 세 수 사이의 규칙을 식으로 나타냅니다.

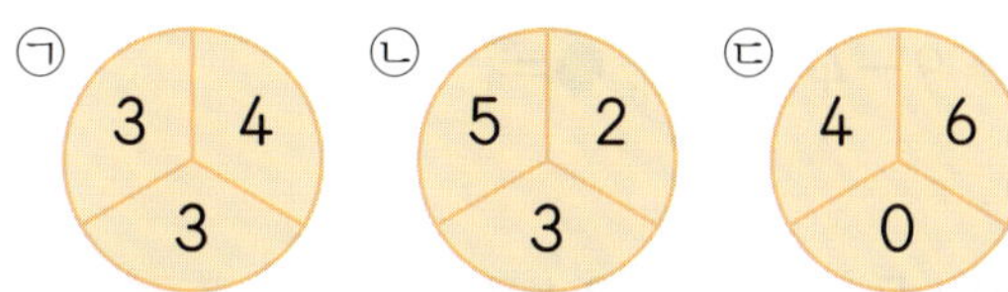

  ㉠ $3+4+3=7+3=10$
  ㉡ $5+2+3=7+3=10$
  ㉢ $4+6+0=10$

❷ 세 수의 합이 10이 되는 규칙입니다.

❸ 빈칸에 알맞은 수를 구하면
  $8+1+\square=10$, $9+\square=10 \Rightarrow 9+1=10$, $\square=1$입니다.

❶ $9-3-\bullet>2 \rightarrow 6-\bullet>2$이므로 ●에 수를 1부터 차례대로 넣어 보면

  $6-1=\ 5\ \bigcirc\!>\ 2$
  $6-2=\ 4\ \bigcirc\!>\ 2$
  $6-3=\ 3\ \bigcirc\!>\ 2$
  $6-4=\ 2\ \bigcirc\!=\ 2$

❷ ●에 들어갈 수 있는 수: 1, 2, 3

❶ $8-1-\bullet>2 \Rightarrow 7-\bullet>2$이므로 ●에 수를 1부터 차례대로 넣어 보면
  $7-1=6>2$, $7-2=5>2$, $7-3=4>2$, $7-4=3>2$,
  $7-5=2=2$, …

❷ ●에 들어갈 수 있는 수: 1, 2, 3, 4

❶ $2+3+\bullet<8 \Rightarrow 5+\bullet<8$이므로 ●에 수를 1부터 차례대로 넣어 보면
  $5+1=6<8$, $5+2=7<8$, $5+3=8=8$, …

❷ ●에 들어갈 수 있는 수는 1, 2로 모두 2개입니다.

07-2 3개

❶ 1+2+●>10−4 ⇨ 3+●>6이므로 ●에 수를 6부터 거꾸로 넣어 보면
3+6=9⊃6, 3+5=8⊃6, 3+4=7⊃6, 3+3=6⊜6, …
❷ ●에 들어갈 수 있는 수는 4, 5, 6으로 모두 3개입니다.

07-3 3

❶ 6+●<1+5+4 ⇨ 6+●<10이므로 ●에 수를 1부터 차례대로 넣어 보면
6+1=7⊂10, 6+2=8⊂10, 6+3=9⊂10, 6+4=10⊜10, …
❷ ●에 들어갈 수 있는 수는 1, 2, 3이고 이 중 가장 큰 수는 3입니다.

대표 유형 08 9

❶ ▲+5=10에서 5+5=10이므로 ▲= 5

❷ ●−4=▲에서 ▲= 5 이므로 ●−4= 5
→ 9−4= 5 , ●= 9

예제 4

❶ ■+7=10에서 3+7=10이므로 ■=3
❷ ▲−1=■에서 ■=3이므로 ▲−1=3 ⇨ 4−1=3, ▲=4

08-1 5

❶ 10−◆=8에서 10−2=8이므로 ◆=2
❷ ◆+♥=7에서 ◆=2이므로 2+♥=7 ⇨ 2+5=7, ♥=5

08-2 8

❶ ●+●+●=9에서 3+3+3=9이므로 ●=3
❷ ★−●=5에서 ●=3이므로 ★−3=5 ⇨ 8−3=5, ★=8

08-3 8

❶ ■+■=10에서 5+5=10이므로 ■=5
❷ ●+2=■에서 ■=5이므로 ●+2=5 ⇨ 3+2=5, ●=3
❸ ■+●=♥에서 ■=5, ●=3이므로 5+3=♥ ⇨ ♥=8

실전 적용

56~59쪽

01 2

❶ 더해서 10이 되는 두 수를 찾으면 (3, 7), (6, 4)입니다.
❷ 더해서 10이 되는 두 수끼리 모두 짝 지었을 때 남는 수는 2입니다.

02 3개

❶

	초록색	보라색	빨간색
▨ 모양	4개	2개	3개
● 모양	2개	3개	1개

❷ ▨ 모양: 4+2+3=9(개), ● 모양: 2+3+1=6(개)
❸ ● 모양은 ▨ 모양보다 9−6=3(개) 더 적습니다.

03 7

❶ 3과 7의 합이 10이므로 합이 12가 되는 세 수는 3, 2, 7입니다.

❷ 3, 2, 7 중에서 가장 큰 수는 7입니다.

04 5개

❶ (남은 구슬의 수)

　=(처음 구슬의 수)−(서우가 꺼낸 구슬의 수)−(민규가 꺼낸 구슬의 수)

❷ 민규가 꺼낸 구슬의 수를 ⬜개라 하면

　$10-4-⬜=1$, $6-⬜=1$ ⇨ $6-5=1$, $⬜=5$

❸ 민규가 꺼낸 구슬은 5개입니다.

05 10

❶ 어떤 수를 ⬜라 하면 잘못 계산한 식은 $⬜-3=4$입니다.

❷ $⬜-3=4$ ⇨ $7-3=4$, $⬜=7$이므로 어떤 수는 7입니다.

❸ 바르게 계산하면 $7+3=10$입니다.

06 18살

❶ (정국이의 나이)$=8-1=7$(살)

❷ (동생의 나이)$=7-4=3$(살)

❸ (세 사람의 나이의 합)$=8+7+3=8+10=18$(살)

07 3

❶ 네 수 사이의 규칙을 식으로 나타냅니다.

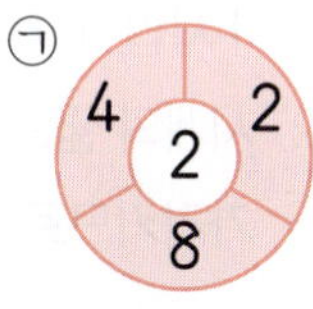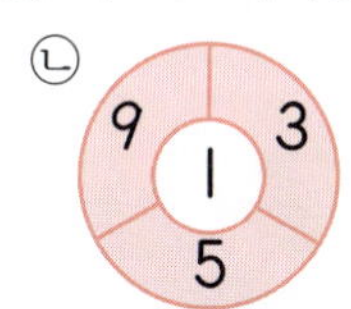

　㉠ $8-4-2=2$　㉡ $9-5-3=1$

❷ 가장 큰 수에서 나머지 두 수를 빼면 가운데 수가 되는 규칙입니다.

❸ 빈칸에 알맞은 수를 구하면 $10-6-1=3$입니다.

08 7

❶ $1+★>2+2+3$ ⇨ $1+★>7$이므로 ★에 수를 9부터 거꾸로 넣어 보면

　$1+9=10\,\ovalbox{>}\,7$, $1+8=9\,\ovalbox{>}\,7$, $1+7=8\,\ovalbox{>}\,7$, $1+6=7\,\ovalbox{=}\,7$, …

❷ ★에 들어갈 수 있는 수는 7, 8, 9이고 이 중 가장 작은 수는 7입니다.

09 3

❶ $2+●=10$에서 $2+8=10$이므로 $●=8$

❷ $▲+▲=●$에서 $●=8$이므로 $▲+▲=8$이고 $4+4=8$이므로 $▲=4$

❸ $●-▲-1=■$에서 $●=8$, $▲=4$이므로 $8-4-1=■$ ⇨ $■=3$

10 (왼쪽부터) 1, 2

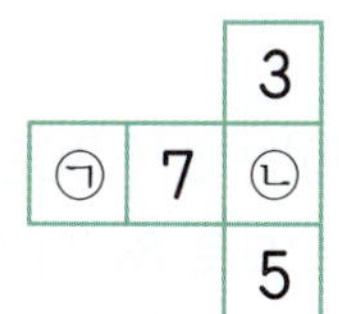

❶ 세로줄(↓)에서 $3+㉡+5=10$, $8+㉡=10$

　⇨ $8+2=10$, $㉡=2$

❷ 가로줄(→)에서 $㉠+7+㉡=10$이고 $㉡=2$이므로

　$㉠+7+2=10$, $㉠+9=10$ ⇨ $1+9=10$, $㉠=1$

활용 개념

여러 가지 모양 찾기

01 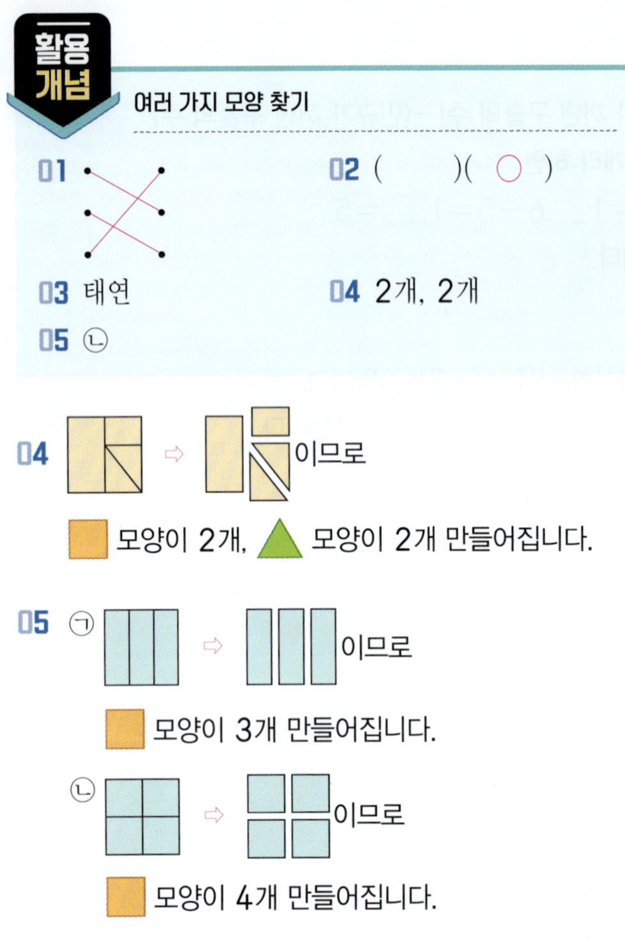

02 ( )(○)

03 태연

04 2개, 2개

05 ㉡

04 □ ⇨ □ 이므로

■ 모양이 2개, ▲ 모양이 2개 만들어집니다.

05 ㉠ ⇨ 이므로

■ 모양이 3개 만들어집니다.

㉡ ⇨ 이므로

■ 모양이 4개 만들어집니다.

여러 가지 모양 알아보기, 여러 가지 모양 만들기

01 ㉢

02 □, ▲ 에 ○표

03 (1) ▲ 에 ○표 (2) □ 에 ○표

04 2개, 2개, 2개

01 ㉠, ㉡, ㉣은 ● 모양이고, ㉢은 □ 모양이므로 나오는 모양이 다른 하나는 ㉢입니다.

02 □ 모양과 ▲ 모양을 사용하여 만든 것입니다.

04 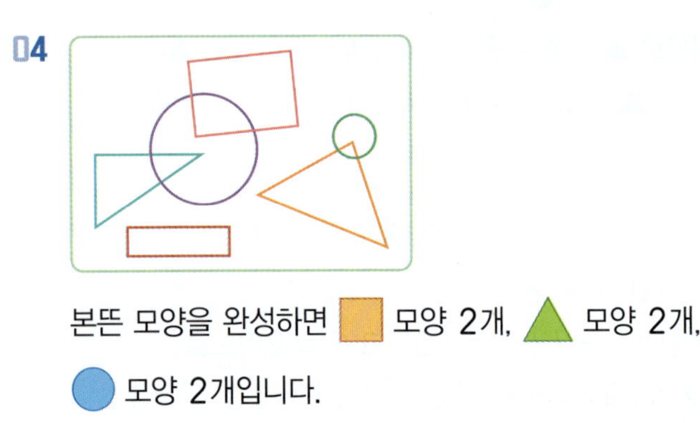

본뜬 모양을 완성하면 □ 모양 2개, ▲ 모양 2개, ● 모양 2개입니다.

몇 시, 몇 시 30분

01 (1) 1시 (2) 8시 30분

02 ㉡

03 (1) 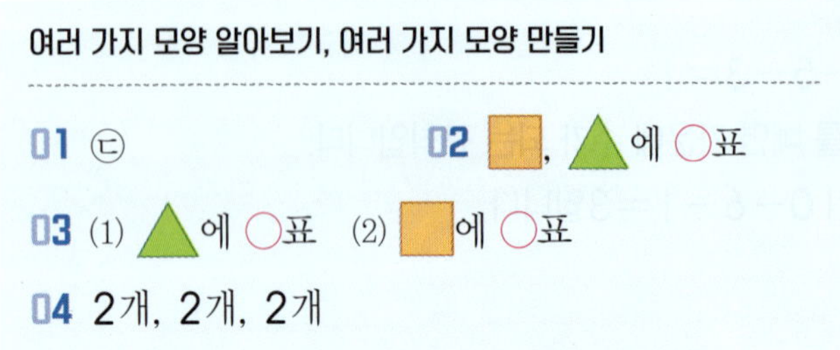

04 나연

01 (1) 시계의 짧은바늘이 1, 긴바늘이 12를 가리키므로 1시입니다.

(2) 시계의 짧은바늘이 8과 9의 가운데, 긴바늘이 6을 가리키므로 8시 30분입니다.

02 ㉠, ㉢에서 긴바늘이 6을 가리킬 때는 몇 시 30분이므로 짧은바늘은 숫자와 숫자의 가운데를 가리켜야 합니다.

03 (1) 4시이므로 짧은바늘은 4, 긴바늘은 12를 가리키도록 나타냅니다.

(2) 10시 30분이므로 짧은바늘은 10과 11의 가운데, 긴바늘은 6을 가리키도록 나타냅니다.

(3) 8시이므로 짧은바늘은 8, 긴바늘은 12를 가리키도록 나타냅니다.

(4) 3시 30분이므로 짧은바늘은 3과 4의 가운데, 긴바늘은 6을 가리키도록 나타냅니다.

04 나연이는 8시 30분에 도착했고, 지후는 10시에 도착했으므로 8시와 9시 30분 사이에 도착한 사람은 나연입니다.

대표 유형 01 2개

❶ 뾰족한 부분이 4군데인 모양은 (■ , ▲ , ●) 모양으로 5 개이고, 둥근 부분이 있는 모양은 (■ , ▲ , ●) 모양으로 3 개입니다.

❷ ■ 모양은 ● 모양보다 5 - 3 = 2 (개) 더 많습니다.

예제 3개

❶ 둥근 부분이 있는 모양은 ● 모양으로 6개이고, 뾰족한 부분이 3군데인 모양은 ▲ 모양으로 3개입니다.

❷ ● 모양은 ▲ 모양보다 6 - 3 = 3(개) 더 많습니다.

01-1 3개

❶ 뾰족한 부분이 있는 모양은 ■ 모양과 ▲ 모양으로 ■ 모양은 1개, ▲ 모양은 2개입니다.

❷ ■ 모양과 ▲ 모양은 모두 1 + 2 = 3(개)입니다.

01-2 2개

❶ 뾰족한 부분이 3군데인 모양은 ▲ 모양으로 3개이고, 둥근 부분이 있는 모양은 ● 모양으로 5개입니다.

❷ ▲ 모양은 ● 모양보다 5 - 3 = 2(개) 더 적습니다.

01-3 5개

❶ 뾰족한 부분이 있는 모양은 ■ 모양과 ▲ 모양으로 ■ 모양은 7개, ▲ 모양은 2개입니다.
⇨ ■ 모양과 ▲ 모양은 모두 7 + 2 = 9(개)입니다.

❷ 뾰족한 부분이 없는 모양은 ● 모양으로 4개입니다.

❸ ■ 모양과 ▲ 모양은 ● 모양보다 9 - 4 = 5(개) 더 많습니다.

대표 유형 02 ■에 ○표

❶ ■ - ▲ - ● 모양 순서로 놓은 것입니다.

❷ 가장 처음에 놓은 모양은 (■ , ▲ , ●) 모양입니다.

예제 ▲에 ○표

❶ ▲ - ■ - ● 모양 순서로 놓은 것입니다.

❷ 가장 처음에 놓은 모양은 ▲ 모양입니다.

02-1 ■에 ○표

❶ ● − ■ − ▲ − ● 모양 순서로 놓은 것입니다.

❷ 두 번째로 놓은 모양은 ■ 모양입니다.

02-2 ●에 ○표

❶ ■ − ▲ − ● − ▲ 모양 순서로 놓은 것입니다.

❷ 세 번째로 놓은 모양은 ● 모양입니다.

02-3 ㉡

❶ ■ − ● − ▲ − ▲ − ● 모양 순서로 놓은 것입니다.

❷ 놓은 순서를 바르게 나타낸 것은 ㉡입니다.

대표 유형 03 ㉠

❶ 빈칸에 어떤 조각을 맞추었을 때 ■, ▲, ● 모양이 완성되는지 알아봅니다.

❷ ■ 모양의 뾰족한 부분과 ● 모양의 둥근 부분이 있는 조각을 찾으면 ㉠입니다.

예제 ㉡

❶ 빈칸에 어떤 조각을 맞추었을 때 ■, ▲, ● 모양이 완성되는지 알아봅니다.

❷ ▲ 모양의 뾰족한 부분과 ■ 모양의 뾰족한 부분이 있는 조각을 찾으면 ㉡입니다.

03-1 ㉢

❶ ▲ 모양의 뾰족한 부분 2군데와 ● 모양의 둥근 부분이 있는 조각을 찾으면 ㉠, ㉢입니다.

❷ ㉠, ㉢ 중 빈칸에 넣었을 때 ▲, ● 모양이 완성되는 조각은 ㉢입니다.

03-2 (위부터) ㉢, ㉡

❶ 첫 번째 줄 빈칸에는 ▲ 모양의 뾰족한 부분과 ● 모양의 둥근 부분이 있는 조각을 찾으면 ㉢입니다.

❷ 두 번째 줄 빈칸에는 ● 모양의 둥근 부분과 ■ 모양의 뾰족한 부분이 있는 조각을 찾으면 ㉠, ㉡입니다.

⇨ ㉠, ㉡ 중 빈칸에 넣었을 때 ■, ● 모양이 완성되는 조각은 ㉡입니다.

03-3 ㉢

❶ ㉠ ■ 모양의 뾰족한 부분이 있는 조각 (○)

㉡ ● 모양의 둥근 부분과 ▲ 모양의 뾰족한 부분이 있는 조각 (○)

㉢ ■ 모양의 뾰족한 부분 2군데와 ● 모양의 둥근 부분이 있는 조각 (×)

㉣ ▲ 모양의 뾰족한 부분과 ● 모양의 둥근 부분이 있는 조각 (○)

❷ 알맞게 짝 지어지지 않은 퍼즐 조각은 ㉢입니다.

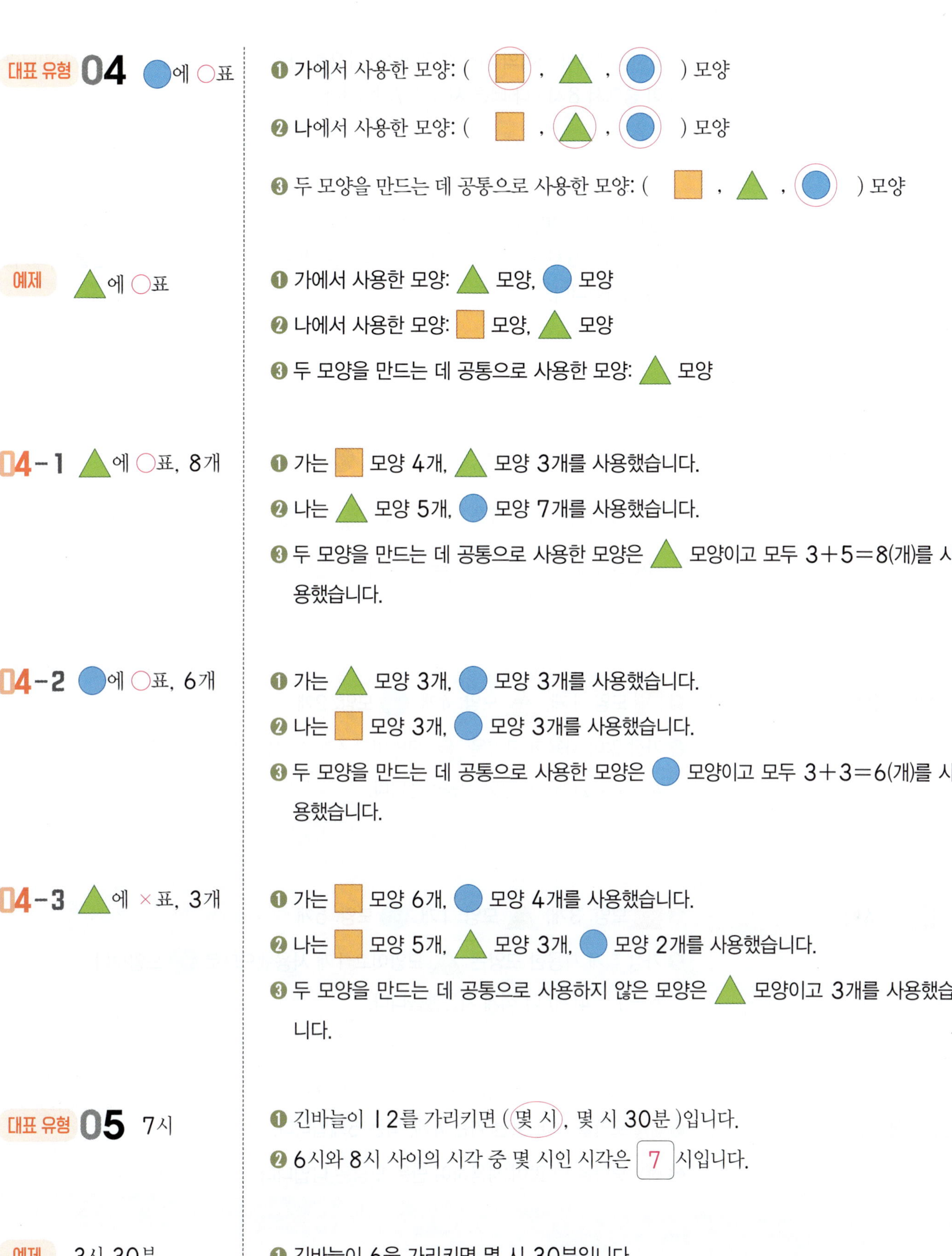

대표 유형 04 ● 에 ○표

❶ 가에서 사용한 모양: (■ , ▲ , ●) 모양

❷ 나에서 사용한 모양: (■ , ▲ , ●) 모양

❸ 두 모양을 만드는 데 공통으로 사용한 모양: (■ , ▲ , ●) 모양

예제 ▲ 에 ○표

❶ 가에서 사용한 모양: ▲ 모양, ● 모양

❷ 나에서 사용한 모양: ■ 모양, ▲ 모양

❸ 두 모양을 만드는 데 공통으로 사용한 모양: ▲ 모양

04-1 ▲ 에 ○표, 8개

❶ 가는 ■ 모양 4개, ▲ 모양 3개를 사용했습니다.

❷ 나는 ▲ 모양 5개, ● 모양 7개를 사용했습니다.

❸ 두 모양을 만드는 데 공통으로 사용한 모양은 ▲ 모양이고 모두 3+5=8(개)를 사용했습니다.

04-2 ● 에 ○표, 6개

❶ 가는 ▲ 모양 3개, ● 모양 3개를 사용했습니다.

❷ 나는 ■ 모양 3개, ● 모양 3개를 사용했습니다.

❸ 두 모양을 만드는 데 공통으로 사용한 모양은 ● 모양이고 모두 3+3=6(개)를 사용했습니다.

04-3 ▲ 에 ×표, 3개

❶ 가는 ■ 모양 6개, ● 모양 4개를 사용했습니다.

❷ 나는 ■ 모양 5개, ▲ 모양 3개, ● 모양 2개를 사용했습니다.

❸ 두 모양을 만드는 데 공통으로 사용하지 않은 모양은 ▲ 모양이고 3개를 사용했습니다.

대표 유형 05 7시

❶ 긴바늘이 12를 가리키면 (몇 시 , 몇 시 30분)입니다.

❷ 6시와 8시 사이의 시각 중 몇 시인 시각은 7 시입니다.

예제 3시 30분

❶ 긴바늘이 6을 가리키면 몇 시 30분입니다.

❷ 3시와 4시 사이의 시각 중 몇 시 30분인 시각은 3시 30분입니다.

05-1 10시 30분

❶ 8시와 11시 사이의 시각 중 긴바늘이 6을 가리키는 시각은 8시 30분, 9시 30분, 10시 30분입니다.

❷ 이 중에서 10시보다 늦은 시각은 10시 30분입니다.

05-2 7시

❶ 6시와 10시 사이의 시각 중 긴바늘이 12를 가리키는 시각은 7시, 8시, 9시입니다.

❷ 이 중에서 8시보다 빠른 시각은 7시입니다.

05-3 

❶ 3시와 7시 사이의 시각 중 긴바늘이 12를 가리키는 시각은 4시, 5시, 6시입니다.

❷ 이 중에서 5시보다 늦은 시각은 6시이므로 짧은바늘은 6, 긴바늘은 12를 가리키도록 나타냅니다.

대표 유형 06 5개

❶ ■ 모양: 6 개, ▲ 모양: 1 개, ● 모양: 4 개

❷ 가장 많이 사용한 모양은 (■ , ▲ , ●) 모양이고 6 개 사용했으므로

▲ 모양보다 6 − 1 = 5 (개) 더 많이 사용했습니다.

예제 2개

❶ ■ 모양: 1개, ▲ 모양: 4개, ● 모양: 2개

❷ 가장 많이 사용한 모양은 ▲ 모양이고 4개 사용했으므로 ● 모양보다

4 − 2 = 2(개) 더 많이 사용했습니다.

06-1 4개

❶ ■ 모양: 3개, ▲ 모양: 1개, ● 모양: 5개

❷ 가장 적게 사용한 모양은 ▲ 모양이고 1개 사용했으므로 ● 모양보다

5 − 1 = 4(개) 더 적게 사용했습니다.

06-2 나

❶ ■ 모양을 세어 보면 가는 4개, 나는 5개입니다.

❷ ■ 모양을 더 많이 사용하여 만든 모양은 나입니다.

06-3 1개

❶ 만든 모양 ─ ■ 모양: 8개, ▲ 모양: 6개, ● 모양: 4개

❷ 만들기 전에 가지고 있던 모양 ─ ■ 모양: 8개, ▲ 모양: 7개, ● 모양: 4개

❸ 만들기 전에 가지고 있던 모양 중 가장 많은 모양은 ■ 모양이고 8개이므로

■ 모양은 ▲ 모양보다 8 − 7 = 1 (개) 더 많습니다.

대표 유형 07 ㉠, ㉢, ㉡

❶ 일을 한 시각을 각각 써 보면
㉠ 저녁 식사: 6 시,
㉡ 숙제하기: 8 시,
㉢ 심부름하기: 7 시 30 분입니다.
❷ ❶에서 구한 시각을 보고 먼저 한 일부터 순서대로 기호를 써 보면
㉠ , ㉢ , ㉡ 입니다.

예제 3, 1, 2

❶ 그림 그리기: 10시 30분, 줄넘기하기: 8시 30분, 아침 식사: 9시
❷ 먼저 한 일부터 순서대로 쓰면 줄넘기하기(1), 아침 식사(2), 그림 그리기(3)입니다.

07-1 1, 3, 2

❶ 축구하기: 2시, 숙제하기: 5시 30분, 청소하기: 4시
❷ 먼저 한 일부터 순서대로 쓰면 축구하기(1), 청소하기(2), 숙제하기(3)입니다.

07-2 아버지

❶ 우빈: 7시, 누나: 6시 30분, 아버지: 8시
❷ 일찍 들어온 사람부터 순서대로 쓰면 누나(6시 30분), 우빈(7시), 아버지(8시)
이므로 가장 늦게 집에 들어온 사람은 아버지입니다.

대표 유형 08 가

❶ 왼쪽 모양 ― ■ 모양 2 개, ▲ 모양 3 개, ● 모양 3 개
❷ 가 ― ■ 모양 2 개, ▲ 모양 3 개, ● 모양 3 개
나 ― ■ 모양 2 개, ▲ 모양 2 개, ● 모양 4 개
❸ 왼쪽 모양을 모두 사용하여 만들 수 있는 모양: 가

예제 나

❶ 왼쪽 모양 ― ■ 모양 2개, ▲ 모양 2개, ● 모양 3개
❷ 가 ― ■ 모양 1개, ▲ 모양 3개, ● 모양 3개
나 ― ■ 모양 2개, ▲ 모양 2개, ● 모양 3개
❸ 왼쪽 모양을 모두 사용하여 만들 수 있는 모양: 나

08-1 ● 에 ✕표

❶ ■ 모양 6개, ▲ 모양 3개를 사용하여 만들었습니다.
❷ 사용하지 않은 모양: ● 모양

08-2 연주

❶ 모양을 만드는 데 연주는 ▢ 모양 4개, △ 모양 3개를 사용했고 남규는 ▢ 모양 3개, △ 모양 3개를 사용했습니다.

❷ ▢ 모양 4개, △ 모양 3개를 사용하여 모양을 만든 사람은 연주입니다.

08-3 나

❶ 오른쪽 모양 — ▢ 모양 3개, △ 모양 2개, ● 모양 2개

❷ 가 — ▢ 모양 2개, △ 모양 2개, ● 모양 3개

　나 — ▢ 모양 3개, △ 모양 2개, ● 모양 2개

　다 — ▢ 모양 3개, △ 모양 4개

❸ 오른쪽 모양을 모두 사용하여 만들 수 있는 모양: 나

대표 유형 09 2개

❶ 선을 따라 겹쳐서 자른 후 종이를 펼치면 (▽ , ⊘ , ▯▯)와 같습니다.

❷ △ 모양은 모두 [2]개 만들어집니다.

예제 3개

❶ 선을 따라 겹쳐서 자른 후 종이를 펼치면 와 같습니다.

❷ △ 모양은 모두 3개 만들어집니다.

09-1 4개

❶ ● 모양을 그리고 자른 후 종이를 펼치면 와 같습니다.

❷ ● 모양은 모두 4개 만들어집니다.

09-2 4개

❶ 종이를 그림과 같이 2번 접었다 펼치면 와 같습니다.

❷ 접힌 선을 따라 자르면 와 같으므로 △ 모양은 모두 4개 만들어집니다.

09-3 ▢에 ○표, 6개

❶ 종이를 그림과 같이 3번 접었다 펼치면 와 같습니다.

❷ 접힌 선을 따라 자르면 와 같으므로 ▢ 모양은 모두 6개 만들어집니다.

❶ 가장 작은 ■ 모양 1개짜리: ①, ②, ③ ➡ **3**개

가장 작은 ■ 모양 2개짜리: ①+②, ②+③ ➡ **2**개

❷ 찾을 수 있는 크고 작은 ■ 모양은 모두 **3**+**2**=**5**(개)입니다.

예제 4개

❶ ■ 모양 1개짜리: ①, ②, ③ ⇨ 3개

■ 모양 2개짜리: ①+② ⇨ 1개

❷ 찾을 수 있는 크고 작은 ■ 모양은 모두 3+1=4(개)입니다.

10-1 5개

❶ 가장 작은 ▲ 모양 1개짜리: ①, ②, ③, ④ ⇨ 4개

가장 작은 ▲ 모양 4개짜리: ①+②+③+④ ⇨ 1개

❷ 찾을 수 있는 크고 작은 ▲ 모양은 모두 4+1=5(개)입니다.

10-2 7개

❶ 가장 작은 ■ 모양 1개짜리: ①, ②, ③, ④ ⇨ 4개

가장 작은 ■ 모양 2개짜리: ①+②, ③+④, ①+④ ⇨ 3개

❷ 찾을 수 있는 크고 작은 ■ 모양은 모두 4+3=7(개)입니다.

10-3 7개

❶ 크고 작은 ▲ 모양의 수를 세어 보면

가장 작은 ▲ 모양 1개짜리: ①, ②, ③, ④ ⇨ 4개

가장 작은 ▲ 모양 2개짜리: ①+②, ②+④, ①+③, ③+④
⇨ 4개

❷ 크고 작은 ■ 모양의 수를 세어 보면

가장 작은 ▲ 모양 4개짜리: ①+②+③+④ ⇨ 1개

❸ 찾을 수 있는 크고 작은 ▲ 모양은 4+4=8(개)이고, 크고 작은 ■ 모양은 1개

이므로 ▲ 모양은 ■ 모양보다 8-1=7(개) 더 많습니다.

실전 적용

88~91쪽

01 4개

❶ 둥근 부분이 있는 모양은 ● 모양으로 4개이고, 뾰족한 부분이 있는 모양은 ■ 모양

과 ▲ 모양으로 모두 5+3=8(개)입니다.

❷ ● 모양은 ■ 모양과 ▲ 모양보다 8-4=4(개) 더 적습니다.

02 에 ◯표

❶ ◯ ─ △ ─ ▨ ─ ◯ ─ △ 모양 순서로 놓은 것입니다.

❷ 두 번째로 놓은 모양은 △ 모양입니다.

03 ①: ㉣, ②: ㉠

❶ ①에 알맞은 퍼즐 조각:

▨ 모양의 뾰족한 부분과 △ 모양의 뾰족한 부분이 있는 조각을 찾으면 ㉡, ㉣이고

이 중 ▨, △ 모양이 완성되는 조각은 ㉣입니다.

❷ ②에 알맞은 퍼즐 조각:

△ 모양의 뾰족한 부분 2군데와 ◯ 모양의 둥근 부분이 있는 조각을 찾으면 ㉠입니다.

04

❶ 4시와 8시 사이의 시각 중 긴바늘이 12를 가리키는 시각은 5시, 6시, 7시입니다.

❷ 이 중에서 6시보다 늦은 시각은 7시이므로 짧은바늘은 7, 긴바늘은 12를 가리키도록 나타냅니다.

05 형, 어머니, 아버지, 시온

❶ 아버지: 7시 30분, 어머니: 7시, 형: 6시 30분, 시온: 8시

❷ 집에 일찍 들어온 사람부터 순서대로 쓰면
형(6시 30분), 어머니(7시), 아버지(7시 30분), 시온(8시)입니다.

06 ㉢

❶ ㉠: ▨ 모양 3개, △ 모양 4개, ◯ 모양 2개

㉡: ▨ 모양 4개, △ 모양 3개, ◯ 모양 2개

㉢: ▨ 모양 4개, △ 모양 2개, ◯ 모양 3개

❷ ▨ 모양 4개, △ 모양 2개, ◯ 모양 3개를 사용하여 만든 모양은 ㉢입니다.

07 ㉠: 1, ㉡: 4

❶ 선을 따라 겹쳐서 자른 후 종이를 펼치면 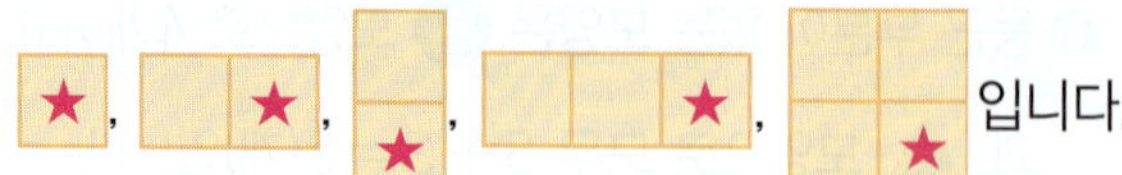와 같습니다.

❷ ▨ 모양은 1개, △ 모양은 4개 만들어지므로 ㉠: 1, ㉡: 4

08 5개

❶ ★ 표시된 부분을 포함하는 크고 작은 ▨ 모양을 모두 찾으면

★, ★, ★, ★, ★ 입니다.

❷ 모두 5개입니다.

덧셈하기

01 (위부터) (1) 5 / 15 (2) 5 / 15
(3) 3, 2 / 15

02 (왼쪽부터) (1) 1, 1, 11 (2) 2, 2, 12

03 (1) 2, 10, 11 (2) 2, 10, 14
(3) 4, 2, 6, 16

04 (1) 12, 13, 14, 15
(2) 11, 11, 13, 13

01 (1) 7을 2와 5로 가르기 하여 8과 2를 더해 10을 먼저 만들고 남은 5를 더합니다.
(2) 8을 5와 3으로 가르기 하여 7과 3을 더해 10을 먼저 만들고 남은 5를 더합니다.
(3) 8을 5와 3으로 가르기 하고 7을 5와 2로 가르기 하여 5와 5를 더해 10을 만들고 남은 3과 2를 더합니다.

02 (1) 4를 1과 3으로 가르기 하여 7과 3을 더해 10을 먼저 만들고 남은 1을 더하면 11입니다.
(2) 3을 2와 1로 가르기 하여 9와 1을 더해 10을 먼저 만들고 남은 2를 더하면 12입니다.

03 (1) $3+8=1+2+8=1+10=11$
(2) $6+8=4+2+8=4+10=14$
(3) $9+7=5+4+5+2=10+6=16$

04 (1) 같은 수 6에 1씩 커지는 수를 더하면 합도 1씩 커집니다.
(2) 두 수를 바꾸어 더해도 합은 같습니다.

뺄셈하기

01 (왼쪽부터) (1) 5, 5, 5 (2) 6, 6, 4

02 (1) 2, 10, 4 (2) 1, 10, 5

03 (왼쪽부터) (1) 4, 4, 8 (2) 1, 1, 4

04 (1) 2, 2, 9 (2) 1, 1, 6

05 (1) 6, 7, 8, 9 (2) 9, 9, 9, 9

01 (1) 7을 2와 5로 가르기 하여 12에서 2를 먼저 빼고 10에서 남은 5를 빼면 5입니다.
(2) 9를 3과 6으로 가르기 하여 13에서 3을 먼저 빼고 10에서 남은 6을 빼면 4입니다.

02 (1) $12-8=12-2-6=10-6=4$
(2) $11-6=11-1-5=10-5=5$

03 (1) 14를 10과 4로 가르기 하여 10에서 6을 한 번에 빼고 남은 4에 4를 더하면 8입니다.
(2) 11을 10과 1로 가르기 하여 10에서 7을 한 번에 빼고 남은 3에 1을 더하면 4입니다.

04 (1) $12-3=10+2-3=10-3+2$
$=7+2=9$
(2) $11-5=10+1-5=10-5+1$
$=5+1=6$

05 (1) 같은 수 15에서 1씩 작아지는 수를 빼면 차는 1씩 커집니다.
(2) 빼지는 수와 빼는 수가 모두 1씩 커지면 차가 같습니다.

대표 유형 01 ㉠ 15, ㉡ 13, ㉢ 5

❶ 8+7=㉠ ➡ ㉠= 15

❷ 7+㉢=12, 12−7=㉢ ➡ ㉢= 5

❸ 8+㉢=㉡에서 ㉢= 5 이므로 8+ 5 =㉡ ➡ ㉡= 13

예제

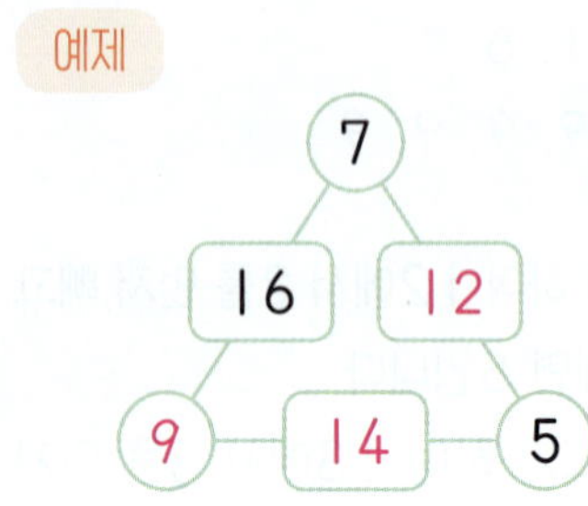

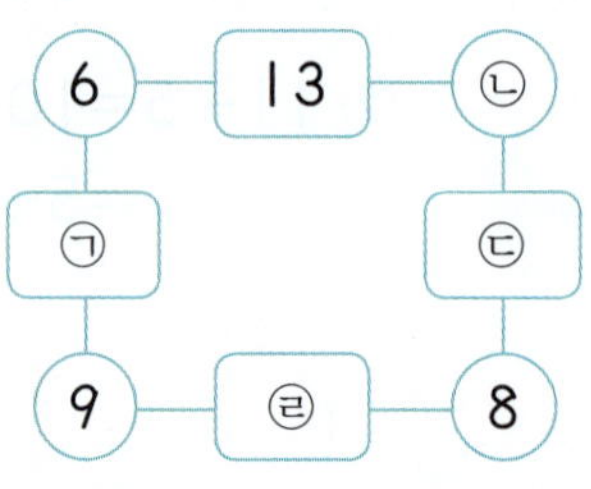

❶ 7+5=㉠ ⇨ ㉠=12
❷ 7+㉡=16, 16−7=㉡ ⇨ ㉡=9
❸ ㉡+5=㉢에서 ㉡=9이므로 9+5=㉢ ⇨ ㉢=14

01-1 ㉠ 14, ㉡ 11, ㉢ 6

❶ 5+9=㉠ ⇨ ㉠=14
❷ 9+㉢=15, 15−9=㉢ ⇨ ㉢=6
❸ 5+㉢=㉡에서 ㉢=6이므로 5+6=㉡ ⇨ ㉡=11

01-2 15

❶ ㉠+9=17, 17−9=㉠ ⇨ ㉠=8
❷ ㉠+㉡=14에서 ㉠=8이므로 8+㉡=14, 14−8=㉡ ⇨ ㉡=6
❸ ㉡+9=㉢에서 ㉡=6이므로 6+9=㉢ ⇨ ㉢=15

01-3

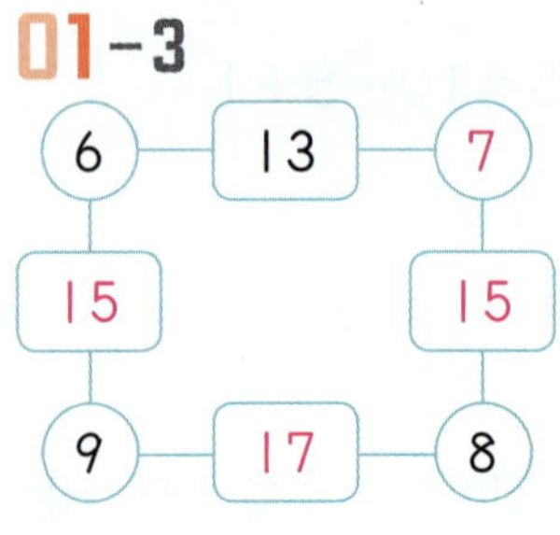

❶ 6+9=㉠ ⇨ ㉠=15
❷ 6+㉡=13, 13−6=㉡ ⇨ ㉡=7
❸ ㉡+8=㉢에서 ㉡=7이므로 7+8=㉢ ⇨ ㉢=15
❹ 9+8=㉣ ⇨ ㉣=17

$15-8=7,$
$15-7=8$

❶ 빼지는 수와 빼는 수에 수 카드를 놓아 뺄셈식을 만들면
$15-8=\boxed{7}$, $15-7=\boxed{8}$, $15-6=\boxed{9}$, $8-7=\boxed{1}$,
$8-6=\boxed{2}$, $7-6=\boxed{1}$

❷ 따라서 수 카드로 만들 수 있는 뺄셈식은 $15-8=\boxed{7}$, $15-\boxed{7}=8$입니다.

예제 $13-5=8,$
$13-8=5$

❶ 빼지는 수와 빼는 수에 수 카드를 놓아 뺄셈식을 만들면
$13-5=8$, $13-4=9$, $13-8=5$, $5-4=1$, $8-5=3$, $8-4=4$
❷ 따라서 수 카드로 만들 수 있는 뺄셈식은 $13-5=8$, $13-8=5$입니다.

02-1 8

❶ 빼지는 수와 빼는 수에 수 카드를 놓아 뺄셈식을 만들면
$6-5=1$, $8-6=2$, $8-5=3$, $11-6=5$, $11-8=3$, $11-5=6$
❷ 따라서 수 카드로 만들 수 있는 뺄셈식은 $11-5=6$, $11-6=5$이므로 사용하지 않는 수 카드에 적힌 수는 8입니다.

02-2 7

❶ 수 카드 3장으로 만들 수 있는 뺄셈식은 $13-7=6$, $13-6=7$입니다.
❷ ❶에서 만든 뺄셈식 중 차가 가장 큰 뺄셈식은 $13-6=7$입니다.

02-3 9, 5

❶ $8+6=14$, $5+9=14$이므로 합이 14가 되는 두 수는 8과 6, 5와 9입니다.
❷ ❶에서 구한 두 수의 차는 $8-6=2$, $9-5=4$이므로 고른 두 수 카드에 적힌 수는 9와 5입니다.

대표 유형 **03** 12

❶ $16-⬤=9$에서 $⬤=16-9$이므로 $⬤=\boxed{7}$입니다.
❷ $⬤+5=◆$에서 $\boxed{7}+5=◆$이므로 $◆=\boxed{12}$입니다.

예제   12

❶ $9+▲=14$에서 $▲=14-9$이므로 $▲=5$입니다.
❷ $▲+7=♥$에서 $5+7=♥$이므로 $♥=12$입니다.

03-1 15

❶ $13-⬤=7$에서 $13-7=⬤$이므로 $⬤=6$입니다.
❷ $⬤+3=◆$에서 $6+3=◆$이므로 $◆=9$입니다.
❸ $⬤+◆=6+9=15$

03-2 7개

❶ $6+■=9$에서 $9-6=■$이므로 $■=3$입니다.
❷ $8+■=♥$에서 $8+3=♥$이므로 $♥=11$입니다.
❸ 3과 11 사이에 있는 수는 4, 5, …, 10으로 모두 7개입니다.

03-3 4

❶ $7+7=14$이므로 $■=7$입니다.
❷ $■-5=7-5=2$이므로 $2=★-2$이고 $★=2+2=4$입니다.

❶ $5+1=\boxed{6}$, $5+4=\boxed{9}$, $5+6=\boxed{11}$,
  $5+7=\boxed{12}$, $5+9=\boxed{14}$

❷ $\boxed{14}>12$이므로 재민이는 두 번째에 $\boxed{9}$ 가 적힌 구슬을 꺼내야 합니다.

예제 7

❶ $6+2=8$, $6+3=9$, $6+4=10$, $6+5=11$, $6+7=13$
❷ $13>11$이므로 하음이는 두 번째에 7이 적힌 구슬을 꺼내야 합니다.

04-1 7

❶ 주아가 꺼낸 구슬에 적힌 두 수의 합은 $5+8=13$입니다.
❷ $9+4=13(\times)$, $9+7=16(\bigcirc)$이므로 채이는 7이 적힌 구슬을 꺼내야 합니다.

04-2 9

❶ 아린이가 꺼낸 구슬에 적힌 두 수의 합은 $7+5=12$입니다.
❷ $4+8=12(\times)$, $4+9=13(\bigcirc)$이므로 서아는 9가 적힌 구슬을 꺼내야 합니다.

04-3 8, 7 / 8, 4

❶ 주희가 꺼낸 구슬에 적힌 두 수의 합은 $5+6=11$입니다.
❷ $8+7=15(\bigcirc)$, $8+4=12(\bigcirc)$, $8+3=11(\times)$, $8+2=10(\times)$,
  $7+4=11(\times)$, $7+3=10(\times)$이므로
  윤우가 꺼낸 두 구슬의 수는 8과 7 또는 8과 4입니다.

대표 유형 **05** 12

❶ $6+7=\boxed{13}$ → $\boxed{13}>■$

❷ $■$는 $\boxed{13}$ 보다 작은 수이어야 하므로 12, 11, 10, …이고 이 중에서
  가장 큰 수는 $\boxed{12}$ 입니다.

예제 13

❶ $9+3=12 \Rightarrow ■>12$
❷ $■$는 12보다 큰 수이어야 하므로 13, 14, 15, 16, …이고 이 중에서 가장 작은
  수는 13입니다.

05-1 6

❶ $15-8=7 \Rightarrow 7>■$
❷ $■$는 7보다 작은 수이어야 하므로 6, 5, 4, …이고 이 중에서 가장 큰 수는 6입니다.

05-2 9, 10, 11,
       12, 13

❶ $13-5=8$, $8+6=14 \Rightarrow 8<■<14$
❷ $■$에는 8보다 크고 14보다 작은 수가 들어갈 수 있으므로
  9, 10, 11, 12, 13입니다.

05-3 7, 8, 9

❶ $5+9=14 \Rightarrow 14<8+■$
❷ $14=8+■$라 하면 $■=14-8$, $■=6$입니다.
❸ $14<8+■$이므로 $■$는 6보다 큰 수가 들어갈 수 있습니다.
  $\Rightarrow$ 7, 8, 9

❶ 전체 빵 수 11에서 먹은 빵 수 7 을 빼면 남은 빵 수가 됩니다.

❷ 식으로 나타내고 답을 구하면

(남은 빵 수)=11− 7 = 4 (개)입니다.

예제 8개

❶ 전체 사탕 수 14에서 6을 빼면 남은 사탕 수가 됩니다.

❷ (남은 사탕 수)=14−6=8(개)

06-1 12장

❶ 파란색 색종이 4장과 노란색 색종이 8장을 더하면 해율이가 가지고 있는 색종이 수가 됩니다.

❷ (해율이가 가지고 있는 색종이 수)=4+8=12(장)

06-2 9개

❶ 전체 과자 수 17에서 남은 수 8을 빼면 먹은 과자 수가 됩니다.

❷ (먹은 과자 수)=17−8=9(개)

06-3 6자루

❶ (혜지가 가지고 있는 색연필 수)=7+8=15(자루)

❷ 혜지와 민주가 가지고 있는 색연필 수는 같으므로 민주의 나머지 색연필 수를 □자루라 하면 9와 □의 합은 15가 됩니다.

⇨ 9+□=15, □=15−9, □=6

대표 유형 **07** 선우

❶ 윤후의 접시에 있는 과일: 8+ 3 = 11 (개)

❷ 선우의 접시에 있는 과일: 7+ 6 = 13 (개)

❸ 11 < 13 이므로 선우 의 접시에 있는 과일이 더 많습니다.

윤후　　선우

예제 시우

❶ 민규: 7+5=12(개)

❷ 시우: 9+4=13(개)

❸ 13>12이므로 고구마와 당근을 더 많이 캔 사람은 시우입니다.

07-1 영재

❶ 영재: 8+8=16(개)

❷ 주연: 9+6=15(개)

❸ 16>15이므로 윗몸 말아 올리기의 개수의 합이 더 많은 사람은 영재입니다.

07-2 시은

❶ 지후의 남은 오이의 수: 13−7=6(개)

❷ 시은이의 남은 오이의 수: 14−5=9(개)

❸ 9>6이므로 남은 오이가 더 많은 사람은 시은입니다.

07-3 윤아

❶ 주희가 얻은 점수: 7+7=14(점)

윤아가 얻은 점수: 8+9=17(점)

민규가 얻은 점수: 6+9=15(점)

❷ 17>15>14이므로 점수의 합이 가장 높은 사람은 윤아입니다.

01

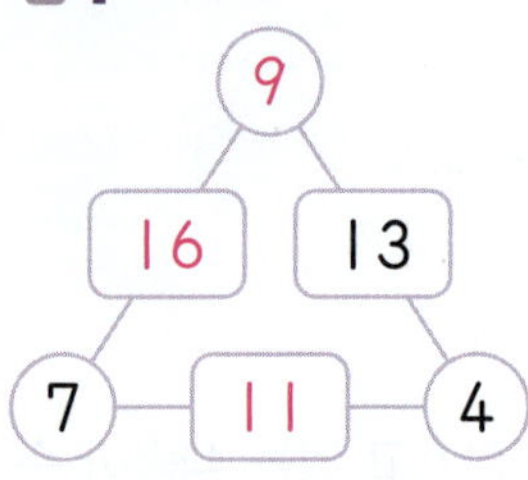

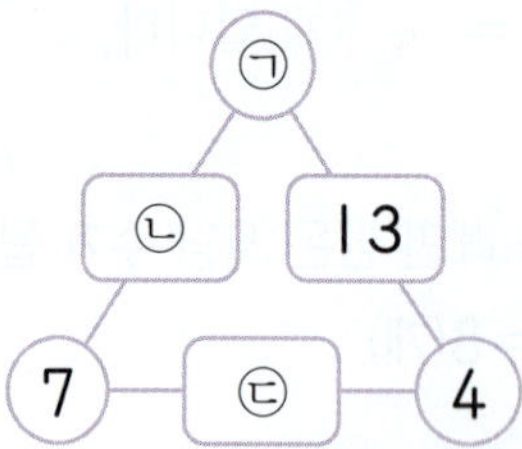

❶ ㉠+4=13, 13−4=㉠ ⇨ ㉠=9
❷ ㉠+7=㉡에서 ㉠=9이므로 9+7=㉡ ⇨ ㉡=16
❸ 7+4=㉢ ⇨ ㉢=11

02 7

❶ 14−6=8 ⇨ 8>■
❷ ■는 8보다 작은 수이어야 하므로 7, 6, 5, …이고 이 중에서 가장 큰 수는 7입니다.

03 12

❶ 11−●=8에서 11−8=●이므로 ●=3입니다.
❷ ▼+4=13에서 ▼=13−4이므로 ▼=9입니다.
❸ ●+▼=3+9=12

04 8개

❶ 찹쌀떡 수 14에서 먹은 수 6을 빼면 남은 찹쌀떡 수가 됩니다.
❷ (남은 찹쌀떡 수)=14−6=8(개)

05 17개

❶ 민지가 캔 고구마와 감자 수를 더하면 전체 수가 됩니다.
❷ (고구마와 감자 수의 합)=8+9=17(개)

06 9

❶ 예음이가 꺼낸 구슬에 적힌 두 수의 합은 7+4=11입니다.
❷ 3+8=11(×), 3+9=12(○)이므로 윤하는 9가 적힌 구슬을 꺼내야 합니다.

07 3개

❶ (지민이가 가지고 있는 구슬 수)=7+5=12(개)
❷ 지민이와 혜주가 가지고 있는 구슬 수는 같으므로 혜주의 나머지 구슬 수를 □개라
하면 9와 □의 합은 12가 됩니다.
⇨ 9+□=12, 12−9=□, □=3

08 재호

❶ 재호가 읽은 책 수: 8+7=15(권)
❷ 유경이가 읽은 책 수: 5+9=14(권)
❸ 15>14이므로 재호가 읽은 책 수가 더 많습니다.

09 9

❶ 수 카드 3장으로 만들 수 있는 뺄셈식은 16−7=9, 16−9=7입니다.
❷ ❶에서 만든 뺄셈식 중 차가 가장 큰 뺄셈식은 16−7=9입니다.

10 12

❶ 7+7=14이므로 ▲=14입니다.
❷ ▲−8=●에서 14−8=●이므로 ●=6입니다.
❸ ●+●=♥에서 6+6=♥이므로 ♥=12입니다.

활용 개념

규칙 찾기

118~121쪽

01 

02

03

04 9개 **05** 1개

01 ▶, ■, ▶, ●가 반복되는 규칙입니다.

02 ➡, ⬇, ➡이 반복되는 규칙입니다.

03 ●, ◆, ◆가 반복되는 규칙입니다.

04 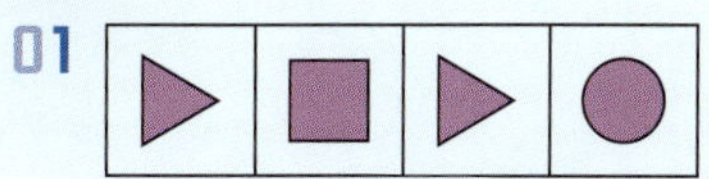

♣, ♣, ◆가 반복되는 규칙이므로 완성한 무늬에서 ◆는 모두 9개입니다.

05 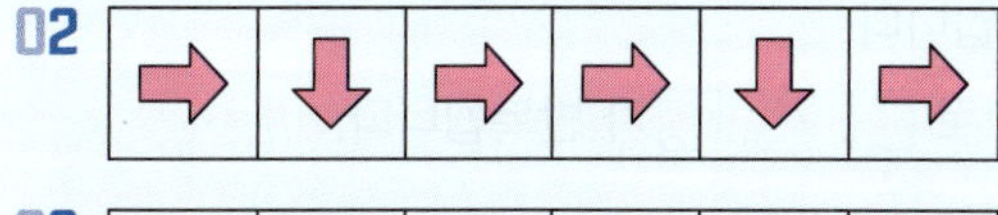

●, ■가 반복되는 규칙입니다.

⇨ 무늬를 완성하면 ●는 14개이고 ■는 13개이므로 ●는 ■보다 14−13=1(개) 더 많습니다.

수 배열에서 규칙 찾기

01 (1) 8, 2, 8
(2) 4, 5
(3) 7, 8

02 (1) 55, 60
(2) 38, 42
(3) 59, 56

03 69

04 42

01 (1) 2, 8이 반복되는 규칙입니다.
(2) 3, 4, 5가 반복되는 규칙입니다.
(3) 6, 7, 8이 반복되는 규칙입니다.

02 (1) 5씩 커지는 규칙입니다.
(2) 4씩 커지는 규칙입니다.
(3) 3씩 작아지는 규칙입니다.

03 보기 는 3씩 커지는 규칙입니다.
54부터 3씩 커지는 수를 쓰면
54−57−60−63−66−69이므로
㉠에 알맞은 수는 69입니다.

04 보기 는 4씩 작아지는 규칙입니다.
62부터 4씩 작아지는 수를 쓰면
62−58−54−50−46−42이므로
㉠에 알맞은 수는 42입니다.

유형 변형

122~131쪽

대표 유형 **01**
5, 5, 0, 5

❶ 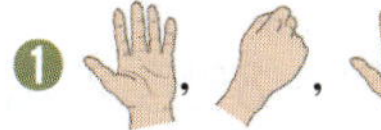, 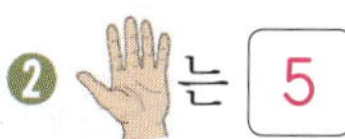, 가 반복되는 규칙입니다.

❷ 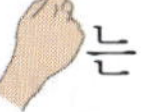는 5, 는 0 (으)로 나타냈으므로 5, 0, 5 이/가 반복됩니다.

  2, 4, 4, 2, 4, 4

❶ 병아리, 돼지, 돼지가 반복되는 규칙입니다.
❷ 병아리는 2, 돼지는 4로 나타냈으므로 2, 4, 4가 반복됩니다.

01-1 풀이 참조

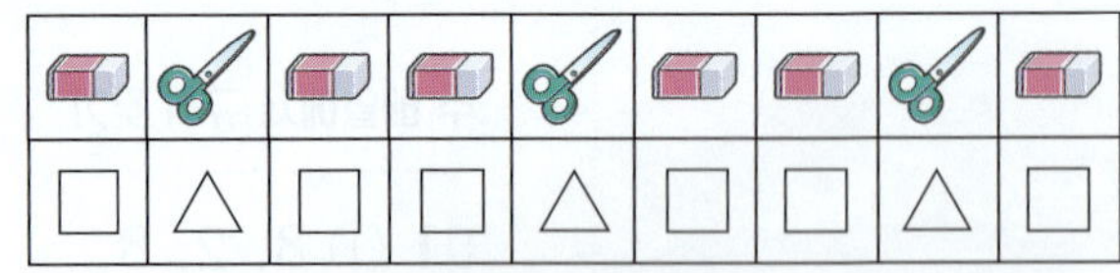

❶ 지우개, 가위, 지우개가 반복되는 규칙입니다.
❷ 지우개는 □, 가위는 △로 나타냈으므로 □, △, □가 반복됩니다.

01-2 풀이 참조

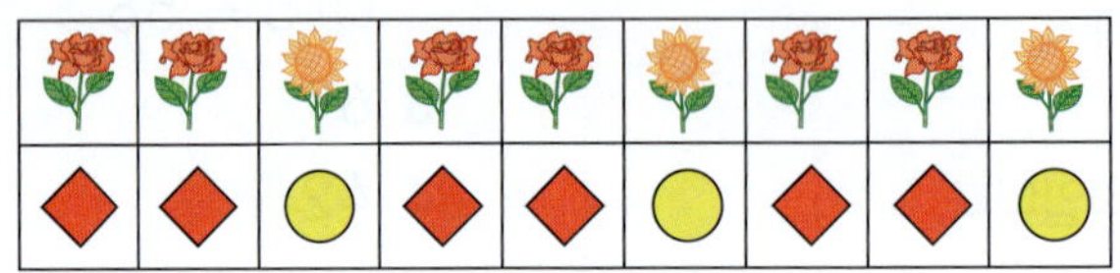

❶ 장미, 장미, 해바라기가 반복되는 규칙입니다.
❷ 장미는 ◆, 해바라기는 ◯로 나타냈으므로 ◆, ◆, ◯가 반복됩니다.

01-3 ㉡

❶ 무당벌레, 무당벌레, 꿀벌이 반복되는 규칙입니다.
❷ 무당벌레는 ◯, 꿀벌은 □로 나타내면 ◯, ◯, □가 반복됩니다.
　 무당벌레는 6, 꿀벌은 1로 나타내면 6, 6, 1이 반복됩니다.
❸ 규칙에 따라 바르게 나타낸 것은 ㉡입니다.

대표 유형 02 53

❶ 38에서 2번 뛰어 세어 48이 되었고 | 10 | 만큼 커졌습니다.

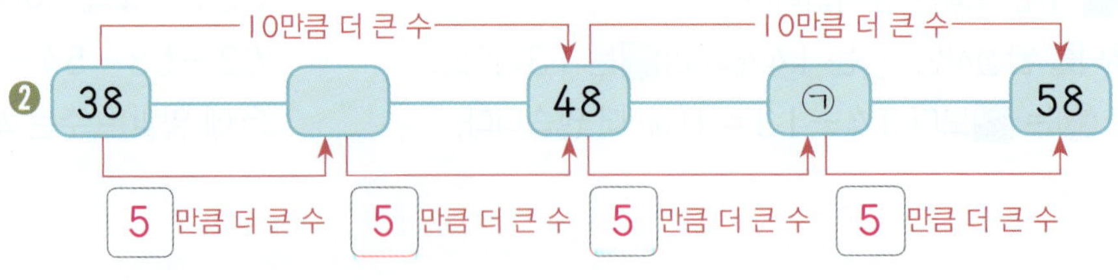

❷ → | 5 | 씩 커지는 규칙입니다.

❸ ㉠에 알맞은 수는 48보다 | 5 | 만큼 더 큰 수인 | 53 | 입니다.

예제 59

❶ 47에서 2번 뛰어 세어 55가 되었고 8만큼 커졌습니다.
❷ 4씩 커지는 규칙입니다.
❸ 55보다 4만큼 더 큰 수는 59이므로 ㉠=59입니다.

02-1 39

❶ 51에서 2번 뛰어 세어 43이 되었고 8만큼 작아졌습니다.

❷ 4씩 작아지는 규칙입니다.

❸ 51부터 4씩 작아지게 뛰어 세면 51−47−43−39−35이므로 ㉠=39입니다.

02-2 56

❶ 62에서 2번 뛰어 세어 74가 되었고 12만큼 커졌습니다.

❷ 6씩 커지는 규칙입니다.

❸ 62보다 6만큼 더 작은 수는 56이므로 ㉠=56입니다.

02-3 8, 44

❶ 17에서 2번 뛰어 세어 35가 되었고 18만큼 커졌습니다.

❷ 9씩 커지는 규칙입니다.

❸ 17보다 9만큼 더 작은 수는 8이므로 ㉠=8이고 35보다 9만큼 더 큰 수는 44이므로 ㉡=44입니다.

02-4 22, 38

❶ 18에서 3번 뛰어 세어 30이 되었고 12만큼 커졌습니다.

❷ 4씩 커지는 규칙입니다.

❸ 18−22−26−30−34−38이므로 ㉠=22, ㉡=38입니다.

대표 유형 03 88

❶ 64에서 시작하여 → 방향으로 $\boxed{1}$ 씩 커지는 규칙이므로 ㉠= $\boxed{68}$ 입니다.

❷ ㉠에서 시작하여 ↓ 방향으로 $\boxed{10}$ 씩 커지는 규칙이므로

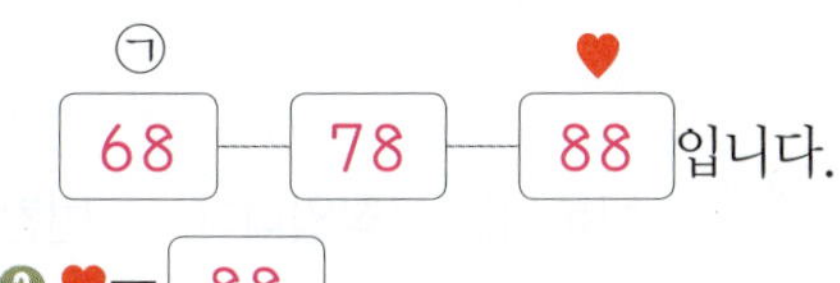

❸ ♥= $\boxed{88}$

예제 72

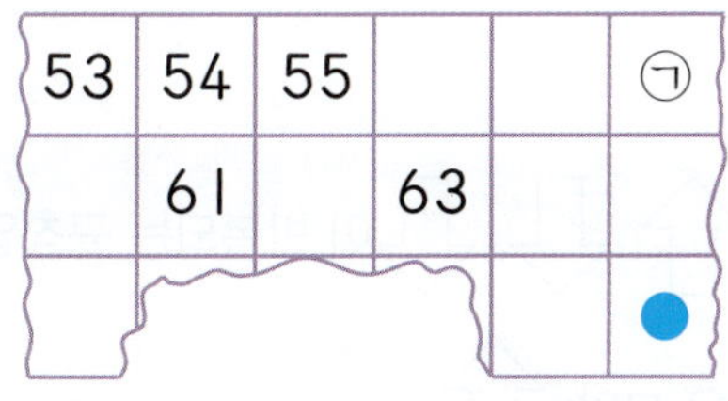

❶ 53에서 시작하여 → 방향으로 1씩 커지므로 ㉠=58입니다.

❷ 58에서 시작하여 ↓ 방향으로 7씩 커지므로 58−65−72입니다.

❸ ●=72

03-1 54, 63

❶ → 방향으로 1씩 커지므로 51−52−53−54입니다. ⇨ ▲=54

❷ ↓ 방향으로 8씩 커지므로 47−55−63입니다. ⇨ ■=63

03-2 5

❶ → 방향으로 1씩 커지므로 43−44−45−46−47입니다.
⇨ ㉠=47
❷ ↓ 방향으로 10씩 커지므로 32−42−52−62입니다.
⇨ ㉡=52
❸ 47은 52보다 5만큼 더 작은 수이므로 두 수의 차는 5입니다.

대표 유형 04

★에 ○표

❶ 모양은 ☆, ◯, ◯이/가 반복되는 규칙입니다.
→ 빈칸에 알맞은 모양: ☆
❷ 색깔은 노란색, 초록색이 반복되는 규칙입니다.
→ 빈칸에 알맞은 색깔: 초록색
❸ 빈칸에 알맞은 것은 (★ , ★ , ● , ●)입니다.

예제 ♣에 ○표

❶ 모양은 ☐, ☐, ♣가 반복되는 규칙입니다. ⇨ 빈칸에 알맞은 모양: ♣
❷ 색깔은 빨간색, 보라색이 반복되는 규칙입니다. ⇨ 빈칸에 알맞은 색깔: 빨간색
❸ 빈칸에 알맞은 것은 ♣입니다.

04-1 ▲에 ○표

❶ 모양은 ♡, △가 반복되는 규칙입니다. ⇨ 빈칸에 알맞은 모양: △
❷ 색깔은 파란색, 연두색, 연두색이 반복되는 규칙입니다.
⇨ 빈칸에 알맞은 색깔: 파란색
❸ 빈칸에 알맞은 것은 ▲입니다.

04-2 ●에 ○표

❶ 모양은 ◇, ◯가 반복되는 규칙입니다. ⇨ 빈칸에 알맞은 모양: ◯
❷ 색깔은 하늘색, 노란색, 하늘색이 반복되는 규칙입니다.
⇨ 빈칸에 알맞은 색깔: 하늘색
❸ 빈칸에 알맞은 것은 ●입니다.

04-3 ⬆

❶ 모양은 ⬆, ⬆, ⬇, ⬇이 반복되는 규칙입니다.
⇨ 빈칸에 알맞은 모양: ⬆
❷ 색깔은 초록색, 초록색, 보라색이 반복되는 규칙입니다.
⇨ 빈칸에 알맞은 색깔: 초록색
❸ 빈칸에 알맞은 것은 ⬆입니다.

❶ `3`씩 커지는 규칙으로 수를 늘어놓았습니다.

넷째　　다섯째　　여섯째
❷ `11`ー`14`ー`17`이므로 여섯째 수는 `17`입니다.

예제　45

❶ 5씩 커지는 규칙으로 수를 늘어놓았습니다.
❷ 30ー35ー40ー45이므로 일곱째 수는 45입니다.

05-1　39

❶ 4씩 작아지는 규칙으로 수를 늘어놓았습니다.
❷ 51ー47ー43ー39이므로 일곱째 수는 39입니다.

05-2　21

❶ 1씩, 3씩 반복하여 커지는 규칙으로 수를 늘어놓았습니다.
❷ 14ー17ー18ー21이므로 아홉째 수는 21입니다.

05-3　14

❶ 4씩 커지고, 1씩 작아지는 규칙으로 수를 늘어놓았습니다.

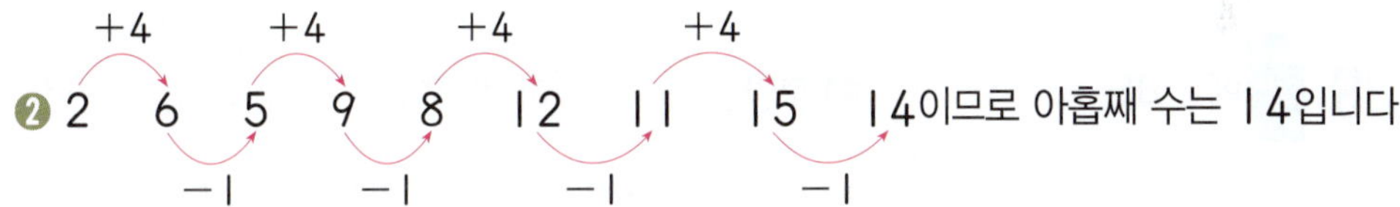

❷ 2　6　5　9　8　12　11　15　14이므로 아홉째 수는 14입니다.

실전 적용

132~135쪽

01　풀이 참조

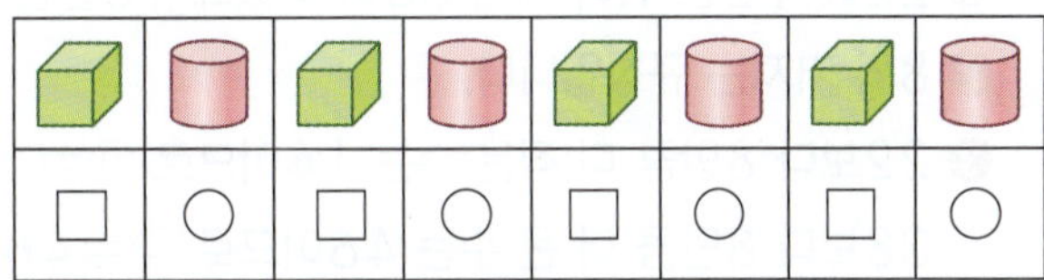

❶ , 이 반복되는 규칙입니다.

❷ 은 □로, 은 ○로 나타냈으므로 □, ○가 반복됩니다.

02　예 61에서 시작하여 3씩 커지는 규칙입니다. / 풀이 참조

61	62	63	64	65	66	67	68	69	70
71	72	73	74	75	76	77	78	79	80
81	82	83	84	85	86	87	88	89	90

❶ 색칠한 수는 61, 64, 67, 70, 73, 76, 79이므로 61부터 시작하여 3씩 커지는 규칙입니다.
❷ 79에서 3씩 커지는 수인 82, 85, 88에 색칠합니다.

03 33

❶ 11씩 작아지는 규칙으로 수를 늘어놓았습니다.
❷ 66-55-44-33이므로 일곱째 수는 33입니다.

04 ㉠

❶ 빗자루, 빗자루, 쓰레받기가 반복되는 규칙입니다.
❷ 빗자루를 1, 쓰레받기를 2로 나타내면 1, 1, 2가 반복됩니다.
❸ 규칙에 따라 수로 바르게 나타낸 것은 ㉠입니다.

05 85

61	62			65		㉠
70	71					
						♥

❶ 61에서 시작하여 → 방향으로 1씩 커지므로 ㉠=67입니다.
❷ 67에서 시작하여 ↓ 방향으로 9씩 커지므로 67-76-85입니다.
  ⇨ ♥=85

06 에 ○표

❶ 모양은 반복되는 규칙입니다. ⇨ 빈칸에 알맞은 모양:
❷ 색깔은 파란색, 분홍색, 파란색이 반복되는 규칙입니다.
  ⇨ 빈칸에 알맞은 색깔: 파란색
❸ 빈칸에 알맞은 모양은 입니다.

07 14, 46

❶ 22에서 2번 뛰어 세어 38이 되었고 16만큼 커졌습니다.
❷ 8씩 커지는 규칙입니다.
❸ 22보다 8만큼 더 작은 수는 14이므로 ㉠=14이고
  38보다 8만큼 더 큰 수는 46이므로 ㉡=46입니다.

08 ㉠

❶ ㉠: 4씩 커지는 규칙으로 수를 늘어놓았습니다.
  ⇨ 23-27-31-35이므로 일곱째 수는 35입니다.
❷ ㉡: 3씩 작아지는 규칙으로 수를 늘어놓았습니다.
  ⇨ 41-38-35-32이므로 일곱째 수는 32입니다.
❸ 35>32이므로 ㉠이 더 큽니다.

09 54

❶ ↘ 방향으로 10씩 커집니다.
❷ 34에서 시작하여 ↘ 방향으로 10씩 커지므로 34-44-54입니다.
  ⇨ ◆=54

138~141쪽

활용 개념

덧셈하기

01 35, 55

02 ⑴ 19 ⑵ 60 ⑶ 57

03 24명

04 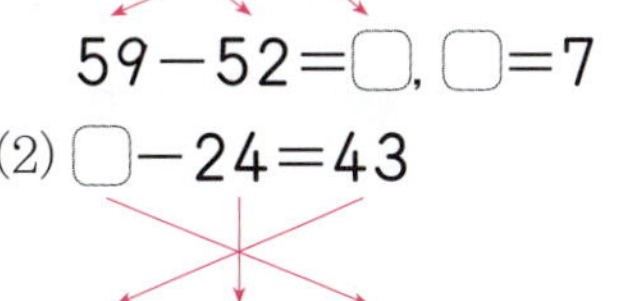

05 63+34=97 (또는 34+63=97)

06 24+11=35 (또는 11+24=35)

03 (영희네 반 학생 수)=20+4=24(명)

04 12+7=19, 32+6=38
21+4=25, 14+5=19
35+3=38, 23+2=25

05 63>34>21>15이므로 합이 가장 큰 덧셈식은
63+34=97(또는 34+63=97)입니다.

06 45>32>24>11이므로 합이 가장 작은 덧셈식은
24+11=35(또는 11+24=35)입니다.

뺄셈하기

01 ⑴ 12 ⑵ 40 ⑶ 46

02 31

03 20개

04 67-3=64

05 ⑴ 7 ⑵ 67

06 12+□=23 / 11개

05 ⑴ 52+□=59

59-52=□, □=7

⑵ □-24=43

43+24=□, □=67

06 솜이가 친구에게 받은 구슬의 수를 □개라고 하면
12+□=23

23-12=□, □=11 → 11개

142~155쪽

유형 변형

대표 유형 01 ㉠ 2, ㉡ 6

❶ 낱개끼리의 계산: ㉠+6=8 → 2 +6=8이므로 ㉠= 2

❷ 10개씩 묶음끼리의 계산: 3+㉡=9 → 3+ 6 =9이므로 ㉡= 6

예제 ㉠ 5, ㉡ 3

❶ 낱개끼리의 계산: 4+㉡=7 ⇨ 4+3=7이므로 ㉡=3

❷ 10개씩 묶음끼리의 계산: ㉠+1=6 ⇨ 5+1=6이므로 ㉠=5

01-1 9, 7

❶ 낱개끼리의 계산: $\square-7=0 \Rightarrow 7-7=0$이므로 $\square=7$
❷ 10개씩 묶음끼리의 계산: $\square-4=5 \Rightarrow 9-4=5$이므로 $\square=9$

01-2 ㉠ 8, ㉡ 5

❶ 낱개끼리의 계산: $9-\text{㉡}=4 \Rightarrow 9-5=4$이므로 ㉡$=5$
❷ 10개씩 묶음끼리의 계산: $\text{㉠}-5=3 \Rightarrow 8-5=3$이므로 ㉠$=8$

01-3 23

❶ 덧셈식에서 낱개끼리의 계산: $5+\blacktriangle=7 \Rightarrow 5+2=7$이므로 $\blacktriangle=2$
❷ 덧셈식에서 10개씩 묶음끼리의 계산: $\blacksquare+1=4 \Rightarrow 3+1=4$이므로 $\blacksquare=3$
❸ $35-12=23$

대표 유형 02 8, 9

❶ 왼쪽 식을 계산: $61+6=\boxed{67}$
❷ $\boxed{67}<6\blacksquare$에서 $\blacksquare$에 들어갈 수 있는 수: $\boxed{8}$, $\boxed{9}$

예제 7, 8, 9

❶ 왼쪽 식을 계산: $23+3=26$
❷ $26<2\square$에서 $\square$ 안에 들어갈 수 있는 수: 7, 8, 9

02-1 1, 2, 3, 4

❶ 왼쪽 식을 계산: $79-35=44$
❷ $44>\square3$에서 $\square$ 안에 들어갈 수 있는 수: 1, 2, 3, 4

02-2 4개

❶ 오른쪽 식을 계산: $86-21=65$
❷ $\square9>65$에서 $\square$ 안에 들어갈 수 있는 수: 6, 7, 8, 9 $\Rightarrow$ 4개

02-3 8

❶ 오른쪽 식을 계산: $21+66=87$
❷ $80+\square>87$에서 $\square$ 안에 들어갈 수 있는 수: 8, 9, ...
❸ ❷에서 구한 수 중 가장 작은 수는 8입니다.

02-4 4

❶ 오른쪽 식을 계산: $96-42=54$
❷ $59-\square>54$에서 $\square$ 안에 들어갈 수 있는 수: 0, 1, 2, 3, 4
❸ ❷에서 구한 수 중 가장 큰 수는 4입니다.

❶ 수 카드의 수의 크기 비교: $7>5>3>2$

가장 큰 몇십몇을 만들려면 가장 큰 수부터 높은 자리에 놓아야 합니다.

→ 가장 큰 몇십몇: 75

❷ 가장 작은 몇십몇을 만들려면 가장 작은 수부터 높은 자리에 놓아야 합니다.

→ 가장 작은 몇십몇: 23

❸ (두 수의 합)= 75 + 23 = 98 (또는 $23+75=98$)

예제 87

❶ 수 카드의 수의 크기 비교: $6>4>3>2$

⇨ 가장 큰 몇십몇: 64

❷ 가장 작은 몇십몇: 23

❸ (두 수의 합)=$64+23=87$

03-1 51

❶ 이서가 만든 가장 큰 몇십몇: 75

❷ 도준이가 만든 가장 작은 몇십몇: 24

❸ 이서와 도준이가 만든 두 수의 차: $75-24=51$

03-2 93

❶ 수 카드의 수의 크기 비교: $5>4>2>1$

(몇십몇)+(몇십몇)의 계산 결과가 가장 크려면 5와 4를 각각 10개씩 묶음의 자리에 놓아야 합니다. ⇨ 5◻+4◻

❷ 남은 수 1, 2를 낱개의 자리에 놓습니다. ⇨ $51+42$ 또는 $52+41$

❸ $51+42=93$ 또는 $52+41=93$ ⇨ 93

대표 유형 **04** 25개

❶ (현정이가 가지고 있는 구슬의 수)

=(지수가 가지고 있는 구슬의 수)+ 3

=11+ 3 = 14 (개)

❷ (두 사람이 가지고 있는 구슬의 수)=11+ 14 = 25 (개)

예제 46개

❶ (윤아가 먹은 딸기의 수)=$21+4=25$(개)

❷ (두 사람이 먹은 딸기의 수)=$21+25=46$(개)

04-1 50장

❶ (찬희가 모은 딱지의 수)=30−10=20(장)
❷ (두 사람이 모은 딱지의 수)=30+20=50(장)

04-2 진호

❶ (진호에게 주고 남은 현수의 과자의 수)=17−3=14(개)
❷ (현수에게 과자를 받은 후 진호의 과자의 수)=12+3=15(개)
❸ 14<15이므로 진호가 과자를 더 많이 가지고 있습니다.

04-3 2학년

❶ (1학년의 남은 학생 수)=78−7=71(명)
❷ (2학년의 남은 학생 수)=77−5=72(명)
❸ 71<72이므로 남은 학생 수가 더 많은 학년은 2학년입니다.

04-4 10살

❶ (어머니의 나이)=(아버지의 나이)+5
  =40+5=45(살)
❷ (수지의 나이)=(어머니의 나이)−35
  =45−35=10(살)

대표 유형 05 80

❶ 어떤 수를 ■라고 하면 ■− 60 =20
❷ 20+ 60 =■, ■= 80
  → (어떤 수)= 80

예제 47

❶ 어떤 수를 □라고 하면 □−13=34
❷ 34+13=□, □=47 ⇨ (어떤 수)=47

05-1 10

❶ 어떤 수를 □라고 하면 □+7=17
❷ 17−7=□, □=10 ⇨ (어떤 수)=10

05-2 59

❶ 어떤 수를 □라고 하면 □−26=22
❷ 22+26=□, □=48
❸ □+11=48+11=59

05-3 22

❶ 어떤 수를 ☐라고 하면 잘못 계산한 식은 $43+☐=64$

❷ $64-43=☐$, $☐=21$

❸ 바르게 계산하면 $43-21=22$

05-4 69개

❶ 신형이가 먹거나 동생에게 준 초콜릿 수의 합은 $12+24=36$(개)입니다.

❷ 신형이가 처음에 가지고 있던 초콜릿의 수를 ☐개라고 하면 $☐-36=33$

❸ $33+36=☐$, $☐=69$

⇨ 신형이가 처음에 가지고 있던 초콜릿은 69개입니다.

대표 유형 06 63

❶ $89-22=★$ → $★=\boxed{67}$

❷ $★-▲=4$이므로 $\boxed{67}-▲=4$ → $\boxed{67}-4=▲$, $▲=\boxed{63}$

예제 30

❶ $20+30=◆$ ⇨ $◆=50$

❷ $◆-■=20$이므로 $50-■=20$ ⇨ $50-20=■$, $■=30$

06-1 2

❶ $13+●=25$ ⇨ $25-13=●$, $●=12$

❷ $●-10=◆$이므로 $12-10=◆$ ⇨ $◆=2$

06-2 11

❶ $78-31=■$ ⇨ $■=47$

❷ $▲+■=59$이므로 $▲+47=59$ ⇨ $59-47=▲$, $▲=12$

❸ $★+▲=23$이므로 $★+12=23$ ⇨ $23-12=★$, $★=11$

06-3 ● 44, ■ 65

❶ $◆+◆=40$ ⇨ $20+20=40$이므로 $◆=20$

❷ $●+◆=64$이므로 $●+20=64$ ⇨ $64-20=●$, $●=44$

❸ $■-●=21$이므로 $■-44=21$ ⇨ $21+44=■$, $■=65$

대표 유형 07 44, 14

❶ 낱개의 수끼리의 합이 8이 되는 두 수를 찾으면

15와 23, $\boxed{44}$ 와/과 14입니다.

❷ $15+23=\boxed{38}$, $\boxed{44}+14=\boxed{58}$

→ 합이 58이 되는 두 수: $\boxed{44}$, $\boxed{14}$

| **예제** | 14, 51 |

❶ 낱개의 수끼리의 합이 5가 되는 두 수를 찾으면 14와 51, 5와 70입니다.
❷ 14+51=65, 5+70=75
  ⇨ 합이 65가 되는 두 수: 14, 51

07-1 33, 79

❶ 낱개의 수끼리의 차가 6이 되는 두 수를 찾으면 58과 22, 33과 79입니다.
❷ 58-22=36, 79-33=46
  ⇨ 차가 46이 되는 두 수: 33, 79

07-2 39

❶ 낱개의 수끼리의 차가 1이 되는 두 수를 찾으면 35와 4, 68과 47입니다.
❷ 35-4=31, 68-47=21
  ⇨ 차가 31이 되는 두 수: 35, 4
❸ (두 수의 합)=35+4=39

07-3 22

❶ 낱개의 수끼리의 합이 4가 되는 두 수를 찾으면 22와 42, 53과 31입니다.
❷ 22+42=64, 53+31=84
  ⇨ 합이 84가 되는 두 수: 53, 31
❸ (두 수의 차)=53-31=22

07-4 24

❶ 낱개의 수끼리의 합이 7이 되는 두 수를 찾으면 12와 45, 24와 23입니다.
  ⇨ 12+45=57, 24+23=47
  ⇨ 합이 47이 되는 두 수: 24, 23
❷ 낱개의 수끼리의 차가 1이 되는 두 수를 찾으면 12와 23, 24와 23, 24와 45입니다.
  ⇨ 23-12=11, 24-23=1, 45-24=21
  ⇨ 차가 21이 되는 두 수: 24, 45
❸ ❶과 ❷에서 같은 수는 24입니다.

156~159쪽

01 ㉠ 6, ㉡ 3

❶ 낱개끼리의 계산: 8-㉡=5 ⇨ 8-3=5이므로 ㉡=3
❷ 10개씩 묶음끼리의 계산: ㉠-2=4 ⇨ 6-2=4이므로 ㉠=6

02 1, 2, 3

❶ 왼쪽 식을 계산: 35+12=47
❷ 47>□8에서 □ 안에 들어갈 수 있는 수: 1, 2, 3

03 38장

❶ (효영이가 가지고 있는 색종이의 수)
 =(지연이가 가지고 있는 색종이의 수)−3=36−3=33(장)
❷ (예지가 가지고 있는 색종이의 수)
 =(효영이가 가지고 있는 색종이의 수)+5=33+5=38(장)

04 52, 15

❶ 낱개의 수끼리의 합이 7이 되는 두 수를 찾으면 13과 44, 52와 15입니다.
❷ 13+44=57, 52+15=67
 ⇨ 합이 67이 되는 두 수: 52, 15

05 88

❶ 수 카드의 수의 크기 비교: 6>5>3>2
 가장 큰 몇십몇: 65, 두 번째로 큰 몇십몇: 63
❷ 가장 작은 몇십몇: 23, 두 번째로 작은 몇십몇: 25
❸ (두 번째로 큰 수)+(두 번째로 작은 수)=63+25=88

06 64

❶ 22+11=◆ ⇨ ◆=33
❷ ◆+■=97이므로 33+■=97
 ⇨ 97−33=■, ■=64

07 2개

❶ 오른쪽 식을 계산: 78−5=73
❷ ▢+70<73에서 ▢ 안에 들어갈 수 있는 수: 1, 2 ⇨ 2개

08 12

❶ 어떤 수를 ▢라고 하면 잘못 계산한 식은 ▢+23=58
❷ 58−23=▢, ▢=35
❸ 바르게 계산하면 35−23=12

09 59

❶ 수 카드의 수의 크기 비교: 5>4>3>2
 (몇십몇)+(몇십몇)의 계산 결과가 가장 작으려면 2와 3을 각각 10개씩 묶음의 자리
 에 놓아야 합니다. ⇨ 2▢+3▢
❷ 남은 수 4, 5를 낱개의 자리에 놓습니다. ⇨ 24+35 또는 25+34
❸ 24+35=59 또는 25+34=59 ⇨ 59

10 3개

❶ 낱개의 수끼리의 차가 3이 되는 두 수를 찾으면
 79와 66, 30과 53, 54와 67, 53과 66입니다.
❷ 79−66=13, 53−30=23, 67−54=13, 66−53=13
❸ 두 수의 차가 13이 되는 뺄셈식은 모두 3개입니다.

정답 및 풀이

1 100까지의 수

1 77 **2** 4개
3 선정, 혁준, 수진 **4** 4, 5, 6
5 6개 **6** 58
7 55 **8** 79, 89

1 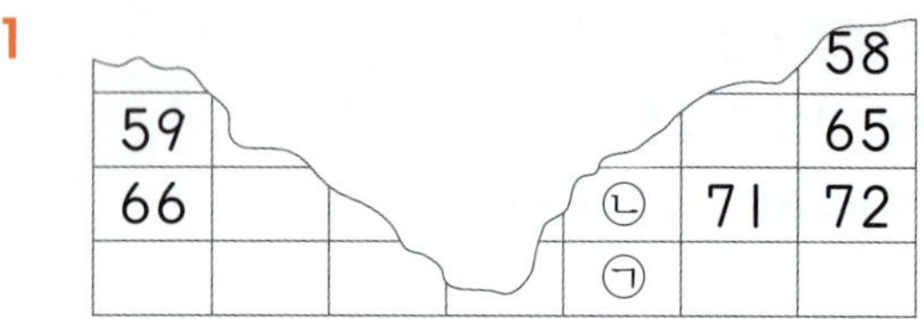

❶ 오른쪽으로 한 칸 갈 때마다 1씩 커지고
아래쪽으로 한 칸 갈 때마다 7씩 커집니다.
❷ ㉡에 알맞은 수:
71보다 1만큼 더 작은 수인 70입니다.
❸ ㉠에 알맞은 수:
㉡(70)보다 7만큼 더 큰 수인 77입니다.

2 ❶ 8□<86에서 10개씩 묶음의 수가 8로 같으므
로 낱개의 수를 비교하면 □는 6보다 작아야 합
니다. ⇨ □=1, 2, 3, 4, 5
❷ 56>□7에서 낱개의 수가 □7이 더 크므로
10개씩 묶음의 수를 비교하면 □는 5보다 작아
야 합니다. ⇨ □=1, 2, 3, 4
❸ □ 안에 공통으로 들어갈 수 있는 수:
1, 2, 3, 4 ⇨ 4개

3 ❶ 선정이가 모은 붙임 딱지 수:
10장씩 묶음 3개와 낱장 22장은 10장씩 묶음
3+2=5(개), 낱장 2장과 같으므로 52장입니다.
❷ 수진이가 모은 붙임 딱지 수:
10장씩 묶음 4개와 낱장 15장은 10장씩 묶음
4+1=5(개), 낱장 5장과 같으므로 55장입니다.

❸ 혁준이가 모은 붙임 딱지 수:
55장보다 2장 더 적게 모았으므로 53장입니다.
❹ 52<53<55이므로 붙임 딱지를 적게 모은 순
서대로 이름을 써 보면 선정, 혁준, 수진입니다.

4 ❶ 구슬을 용화가 셋째로 많이 가지고 있으므로
71>67>6□>63
❷ 6□는 63보다 크고 67보다 작으므로 □ 안에
들어갈 수 있는 수는 4, 5, 6입니다.

5 ❶ 51보다 크고 78보다 작은 수를 만들 때 10개
씩 묶음의 수가 될 수 있는 수: 5, 7
❷ 만들 수 있는 몇십몇 중에서 51보다 크고 78보
다 작은 수:
52, 57, 58, 71, 72, 75 ⇨ 6개

6 ❶ 67부터 작아지는 홀수를 순서대로 써 보면
67, 65, 63, 61, 59, …
4개
❷ ㉠에 들어갈 수 있는 수는 58, 57이고 이 중
가장 큰 수는 58입니다.

7 ❶

| 어떤 수 | 10만큼 더 큰 수 → ← 10만큼 더 작은 수 | 75 |

⇨ 어떤 수: 75보다 10만큼 더 작은 수인 65입
니다.
❷ 바르게 구한 값:
65보다 10만큼 더 작은 수인 55입니다.

8 ❶ 71보다 크고 93보다 작은 홀수:
73, 75, 77, 79, 81, 83, 85, 87, 89, 91
❷ ❶에서 구한 수 중 10개씩 묶음의 수가 낱개의 수
보다 작은 수: 79, 89

1 70, 72 **2** 6
3 5장 **4** 초록
5 리안 **6** 6개
7 80 **8** 56, 66
9 7 **10** 52, 61, 70

1

	51	52	53			58
60			63			68
㉠		㉡				

❶ 오른쪽으로 한 칸 갈 때마다 1씩 커지고
아래쪽으로 한 칸 갈 때마다 10씩 커집니다.

❷ ㉠에 알맞은 수:
60보다 10만큼 더 큰 수인 70입니다.

❸ ㉡에 알맞은 수:
㉠(70)보다 2만큼 더 큰 수인 72입니다.

2 ❶ 낱개의 수가 52가 더 크므로 10개씩 묶음의 수
를 비교하면 ⬜는 5보다 커야 합니다.

❷ ⬜ 안에 들어갈 수 있는 수는 6, 7, 8, 9이고 이
중 가장 작은 수는 6입니다.

3 ❶ 10장씩 묶음 8개와 낱장 15장은 10장씩 묶음
8+1=9(개), 낱장 5장과 같으므로 95장입니다.

❷ 95-96-97-98-99-100에서 95보
다 5만큼 더 큰 수가 100이므로 색종이가 100장
이 되려면 5장이 더 있어야 합니다.

4 ❶ 10개씩 묶음의 수를 비교하면 빨강 수수깡이 가장
많고, 보라 수수깡이 가장 적습니다.

❷ 수수깡의 수는 색깔별로 모두 다르므로 노랑 수수
깡이 초록 수수깡보다 더 많습니다.

❸ 수수깡의 수가 많은 순서대로 수수깡의 색깔을 써
보면 빨강, 노랑, 초록, 보라입니다.
⇨ 셋째로 많이 가지고 있는 수수깡은 초록 수수깡
입니다.

5 ❶ 현지가 딴 딸기의 수:
10개씩 묶음 5개는 50개입니다.

❷ 리안이가 딴 딸기의 수:
10개씩 묶음 4개와 낱개 11개는 10개씩 묶음
4+1=5(개), 낱개 1개와 같으므로 51개입니다.

❸ 50<51이므로 딸기를 더 많이 딴 사람은 리안
입니다.

6 ❶ 짝수일 때 낱개의 수가 될 수 있는 수: 6, 8

❷ 만들 수 있는 수 중에서 짝수:
56, 58, 68, 76, 78, 86 ⇨ 6개

7 ❶

| 어떤 수 | ← 10만큼 더 큰 수 → | 85 |

⇨ 어떤 수: 85보다 10만큼 더 작은 수인 75입
니다.

❷ 어떤 수보다 5만큼 더 큰 수: 80

8 ❶ ㉠에 들어갈 수 있는 수가 61보다 작을 때:
61부터 1씩 작아지는 수를 순서대로 써 보면
61, 60, 59, 58, 57, 56, ...
        4개   ㉠
⇨ ㉠에 들어갈 수 있는 수: 56

❷ ㉠에 들어갈 수 있는 수가 61보다 클 때:
61부터 1씩 커지는 수를 순서대로 써 보면
61, 62, 63, 64, 65, 66, ...
        4개   ㉠
⇨ ㉠에 들어갈 수 있는 수: 66

9 ❶ 귤을 수인이가 셋째로 많이 땄으므로
61>58>5⬜>54

❷ 5⬜는 54보다 크고 58보다 작으므로 ⬜ 안에
들어갈 수 있는 수는 5, 6, 7이고 이 중 가장 큰
수는 7입니다.

10 ❶ 50보다 크고 80보다 작은 수: 5⬜, 6⬜, 7⬜

❷ ❶에서 구한 수 중 10개씩 묶음의 수와 낱개의 수
의 합이 7인 수: 52, 61, 70

1 풀이 참조   **2** 1개

3 2개

4 (예) $7+3+4=14$, 2

5 17개   **6** 2

7 3개   **8** 7

1 ❶ 더해서 10이 되는 두 수를 찾으면 (1, 9), (2, 8), (3, 7), (4, 6), (5, 5)입니다.

❷ 가까이에 닿아 있는 두 수가 (1, 9), (2, 8), (3, 7), (4, 6), (5, 5)인 것을 모두 찾아 묶습니다.

1	5	5	4	9
2	4	1	7	2
3	6	7	9	8
8	2	9	3	3

참고

더해서 10이 되는 두 수를 가로(↔), 세로(↕), 대각선(↘, ↗) 방향에서 찾습니다.

2 ❶

	노란색	보라색	파란색
▢ 모양	1개	4개	2개
△ 모양	3개	1개	4개

❷ ▢ 모양: $1+4+2=7$(개)

△ 모양: $3+1+4=8$(개)

❸ ▢ 모양은 △ 모양보다 $8-7=1$(개) 더 적습니다.

3 ❶ (남은 빵의 수)

$=$(처음 빵의 수)$-$(예지가 꺼낸 빵의 수)

$-$(지수가 꺼낸 빵의 수)

❷ 지수가 꺼낸 빵의 수를 ▢개라 하면

$10-4-▢=4$, $6-▢=4$

⇨ $6-2=4$, $▢=2$

❸ 지수가 꺼낸 빵은 2개입니다.

4 ❶ 7과 3의 합이 10이므로 합이 14가 되는 세 수는 7, 4, 3입니다.

❷ 세 수의 합이 14가 되는 덧셈식은

$7+3+4=14$이고, 사용하지 않고 남은 수는 2입니다.

참고

$7+4+3=14$, $3+7+4=14$, $3+4+7=14$, $4+7+3=14$, $4+3+7=14$와 같이 덧셈식을 만들 수 있습니다.

5 ❶ (빨간색 공의 수)$=2+6=8$(개)

❷ (파란색 공의 수)$=8-1=7$(개)

❸ (공의 수의 합)$=2+8+7=10+7=17$(개)

6

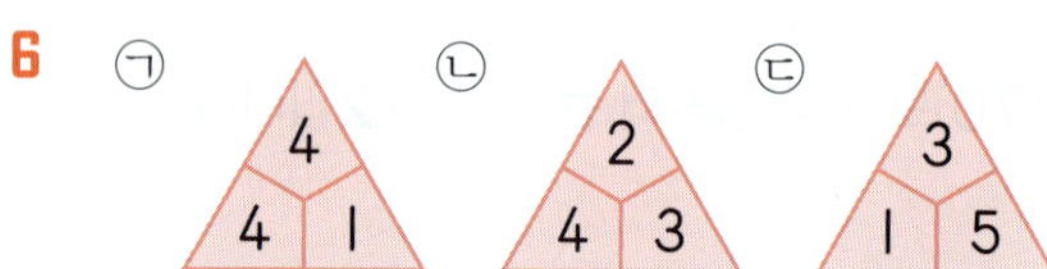

❶ 세 수 사이의 규칙을 식으로 나타냅니다.

㉠ $4+4+1=9$

㉡ $2+4+3=9$

㉢ $3+1+5=9$

❷ 세 수의 합이 9가 되는 규칙입니다.

❸ 빈칸에 알맞은 수를 구하면 $5+2+▢=9$,

$7+▢=9$ ⇨ $7+2=9$, $▢=2$입니다.

7 ❶ $4+1+●<10-1$ ⇨ $5+●<9$이므로

●에 수를 1부터 차례대로 넣어 보면

$5+1=6$, $5+2=7$, $5+3=8$, $5+4=9$, …

❷ ●에 들어갈 수 있는 수는 1, 2, 3으로 모두 3개입니다.

8 ❶ $●+●=10$에서 $5+5=10$이므로 $●=5$

❷ $▲+3=●$에서 $●=5$이므로 $▲+3=5$

⇨ $2+3=5$, $▲=2$

❸ $●+▲=★$에서 $●=5$, $▲=2$이므로

$5+2=★$ ⇨ $★=7$

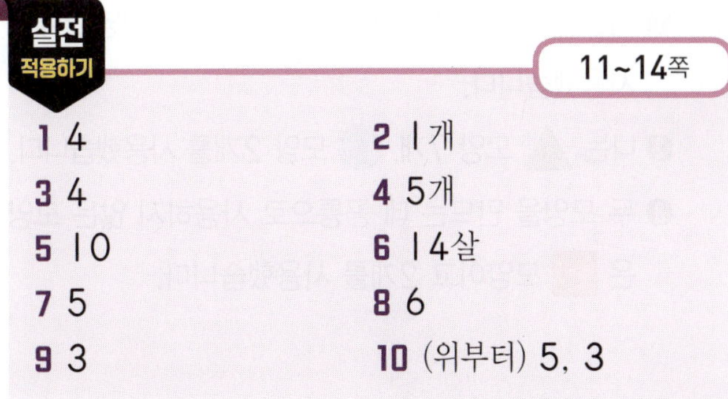

1	4	2	1개
3	4	4	5개
5	10	6	14살
7	5	8	6
9	3	10	(위부터) 5, 3

1 ❶ 더해서 10이 되는 두 수를 찾으면 (1, 9), (2, 8)입니다.

❷ 더해서 10이 되는 두 수끼리 모두 짝 지었을 때 남는 수는 4입니다.

2 ❶

	빨간색	주황색	노란색
● 모양	2개	6개	1개
▲ 모양	1개	3개	4개

❷ ● 모양: $2+6+1=9$(개)

▲ 모양: $1+3+4=8$(개)

❸ ● 모양은 ▲ 모양보다 $9-8=1$(개) 더 많습니다.

3 ❶ 6과 4의 합이 10이므로 합이 17이 되는 세 수는 7, 6, 4입니다.

❷ 7, 6, 4 중에서 가장 작은 수는 4입니다.

4 ❶ (남은 풍선의 수)
 ＝(처음 풍선의 수)－(소희가 꺼낸 풍선의 수)
 －(도경이가 꺼낸 풍선의 수)

❷ 도경이가 꺼낸 풍선의 수를 ☐개라 하면
 $10-3-☐=2$, $7-☐=2$
 ⇨ $7-5=2$, $☐=5$

❸ 도경이가 꺼낸 풍선은 5개입니다.

5 ❶ 어떤 수를 ☐라 하면 잘못 계산한 식은
 $☐-4=2$입니다.

❷ $☐-4=2$ ⇨ $6-4=2$, $☐=6$이므로 어떤 수는 6입니다.

❸ 바르게 계산하면 $6+4=10$입니다.

6 ❶ (채린이의 나이)＝$9-5=4$(살)

❷ (동생의 나이)＝$4-3=1$(살)

❸ (세 사람의 나이의 합)＝$4+1+9$
 $=4+10=14$(살)

7 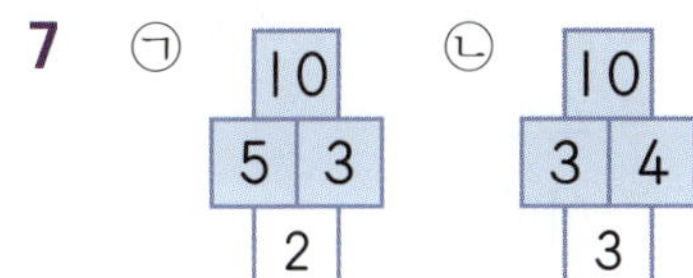

❶ ㉠ $10-5-3=2$
 ㉡ $10-3-4=3$

❷ 맨 위의 수에서 가운데 두 수를 빼면 맨 아래의 수가 되는 규칙입니다.

❸ 빈칸에 알맞은 수를 구하면 $10-4-1=5$입니다.

8 ❶ $2+⊙>1+2+4$ ⇨ $2+⊙>7$이므로
 ⊙에 수를 8부터 거꾸로 넣어 보면
 $2+8=10$, $2+7=9$, $2+6=8$,
 $2+5=7, …$

❷ ⊙에 들어갈 수 있는 수는 8, 7, 6이고 이 중 가장 작은 수는 6입니다.

9 ❶ $4+♥=10$에서 $4+6=10$이므로 $♥=6$

❷ $●+●=♥$에서 $♥=6$이므로 $●+●=6$,
 $3+3=6$이므로 $●=3$

❸ $♥-●=▼$에서 $♥=6$, $●=3$이므로
 $6-3=▼$ ⇨ $▼=3$

10 

❶ 가로줄(→)에서 $㉠+1+4=10$, $㉠+5=10$
 ⇨ $5+5=10$, $㉠=5$

❷ 세로줄(↓)에서 $㉠+2+㉡=10$이고 $㉠=5$이므로 $5+2+㉡=10$, $7+㉡=10$
 ⇨ $7+3=10$, $㉡=3$

유형 변형하기

15~18쪽

1 2개   **2** ㄹ

3 ㄷ   **4** ▢에 ✕표, 2개

5 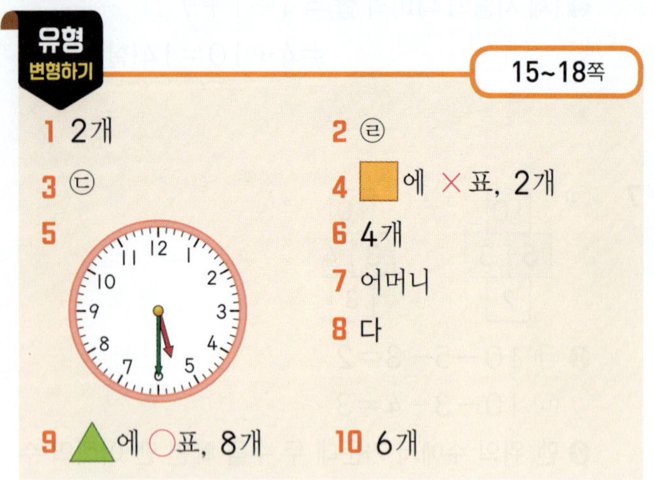

6 4개

7 어머니

8 다

9 ▲에 ◯표, 8개   **10** 6개

1 ❶ 뾰족한 부분이 있는 모양은 ▢ 모양과 ▲ 모양으로 ▢ 모양은 4개, ▲ 모양은 3개입니다.

⇨ ▢ 모양과 ▲ 모양은 모두 4＋3＝7(개)입니다.

❷ 뾰족한 부분이 없는 모양은 ⬤ 모양으로 5개입니다.

❸ ▢ 모양과 ▲ 모양은 ⬤ 모양보다 7－5＝2(개) 더 많습니다.

2 ❶ ⬤－▲－▢－⬤－▲ 모양 순서로 놓은 것입니다.

❷ 놓은 순서를 바르게 나타낸 것은 ㄹ입니다.

3

❶ ㉠ ▲ 모양의 뾰족한 부분과 ⬤ 모양의 둥근 부분이 있는 조각 (◯)

㉡ ▢ 모양의 뾰족한 부분과 ▲ 모양의 뾰족한 부분이 있는 조각 (◯)

㉢ ▢ 모양의 뾰족한 부분 2군데, ▲ 모양의 뾰족한 부분, ⬤ 모양의 둥근 부분이 있는 조각 (✕)

㉣ ▲ 모양의 뾰족한 부분이 있는 조각 (◯)

❷ 알맞게 짝 지어지지 않은 퍼즐 조각은 ㉢입니다.

4 ❶ 가는 ▢ 모양 2개, ▲ 모양 4개, ⬤ 모양 2개를 사용했습니다.

❷ 나는 ▲ 모양 7개, ⬤ 모양 2개를 사용했습니다.

❸ 두 모양을 만드는 데 공통으로 사용하지 않은 모양은 ▢ 모양이고 2개를 사용했습니다.

5 ❶ 5시와 8시 사이의 시각 중 긴바늘이 6을 가리키는 시각은 5시 30분, 6시 30분, 7시 30분입니다.

❷ 이 중에서 6시보다 빠른 시각은 5시 30분이므로 짧은바늘은 5와 6의 가운데, 긴바늘은 6을 가리키도록 나타냅니다.

6 ❶ 만든 모양 ―

▢ 모양: 3개, ▲ 모양: 6개, ⬤ 모양: 6개

❷ 만들기 전에 가지고 있던 모양 ―

▢ 모양: 3개, ▲ 모양: 6개, ⬤ 모양: 7개

❸ 만들기 전에 가지고 있던 모양 중 가장 적은 모양은 ▢ 모양이고 3개이므로 ⬤ 모양은 ▢ 모양보다 7－3＝4(개) 더 많습니다.

7 ❶ 진우는 6시 30분, 아버지는 6시, 어머니는 7시 30분

❷ 가장 늦게 집에 들어온 사람은 어머니입니다.

8 ❶ 주어진 모양 ―

▢ 모양 4개, ▲ 모양 2개, ⬤ 모양 1개

❷ 가 ― ▢ 모양 3개, ▲ 모양 3개, ⬤ 모양 1개

나 ― ▢ 모양 3개, ▲ 모양 3개, ⬤ 모양 1개

다 ― ▢ 모양 4개, ▲ 모양 2개, ⬤ 모양 1개

❸ 주어진 모양을 모두 사용하여 만들 수 있는 모양: 다

9 ❶ 종이를 그림과 같이 접었다 펼치면

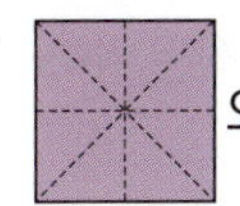와 같습니다.

❷ 접힌 선을 따라 자르면 와 같으므로

▲ 모양은 모두 8개 만들어집니다.

10

❶ ■ 모양: ②, ①+②, ②+③ ⇨ 3개

▲ 모양: ①, ③, ①+②+③ ⇨ 3개

❷ 찾을 수 있는 크고 작은 ■ 모양과 ▲ 모양은
모두 3+3=6(개)입니다.

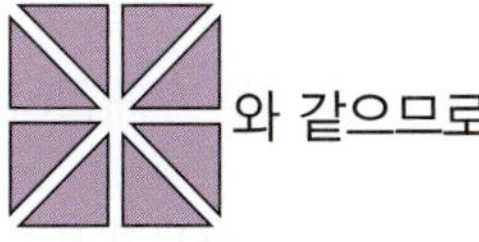

1 1개   **2** ■에 ○표
3 ㉢, ㉡   **4**

5 아버지, 어머니, 혜린, 언니
6 ㉡   **7** 4
8 4개

1 ❶ 뾰족한 부분이 있는 모양은 ■ 모양과 ▲ 모양
으로 모두 4+2=6(개)이고, 둥근 부분이 있는
모양은 ● 모양으로 5개입니다.

❷ ■ 모양과 ▲ 모양은 ● 모양보다
6-5=1(개) 더 많습니다.

2 ❶ ▲-●-■-▲-● 모양 순서로 놓은
것입니다.

❷ 세 번째로 놓은 모양은 ■ 모양입니다.

3 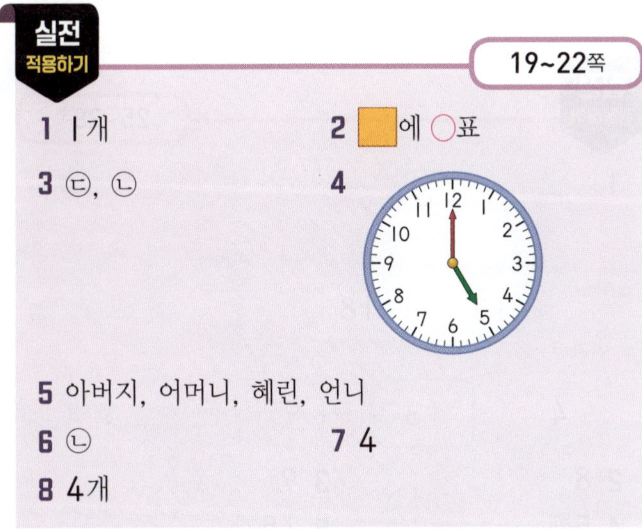

❶ ①에 알맞은 퍼즐 조각:

■ 모양의 뾰족한 부분과 ▲ 모양의 뾰족한 부
분 2군데가 있는 조각을 찾으면 ㉢입니다.

❷ ②에 알맞은 퍼즐 조각:

▲ 모양의 뾰족한 부분과 ● 모양의 둥근 부분
이 있는 조각을 찾으면 ㉡입니다.

4 ❶ 2시와 6시 사이의 시각 중 긴바늘이 12를 가리
키는 시각은 3시, 4시, 5시입니다.

❷ 이 중에서 4시보다 늦은 시각은 5시이므로 짧은
바늘은 5, 긴바늘은 12를 가리키도록 나타냅니다.

5 ❶ 아버지는 7시, 어머니는 7시 30분,
언니는 8시 30분, 혜린이는 8시

❷ 집에 일찍 들어온 사람부터 순서대로 쓰면
아버지(7시), 어머니(7시 30분), 혜린(8시),
언니(8시 30분)입니다.

6 ❶ ㉠: ■ 모양 3개, ▲ 모양 4개, ● 모양 2개

㉡: ■ 모양 4개, ▲ 모양 2개, ● 모양 2개

㉢: ■ 모양 3개, ▲ 모양 3개, ● 모양 4개

❷ ■ 모양 4개, ▲ 모양 2개, ● 모양 2개를
사용하여 만든 모양은 ㉡입니다.

7 ❶ 선을 따라 겹쳐서 자른 후 종이를 펼치면

와 같습니다.

❷ ■ 모양은 4개 만들어집니다.

8 ❶ ♥ 표시된 부분을 포함하는 크고 작은 ▲ 모양
을 모두 찾으면

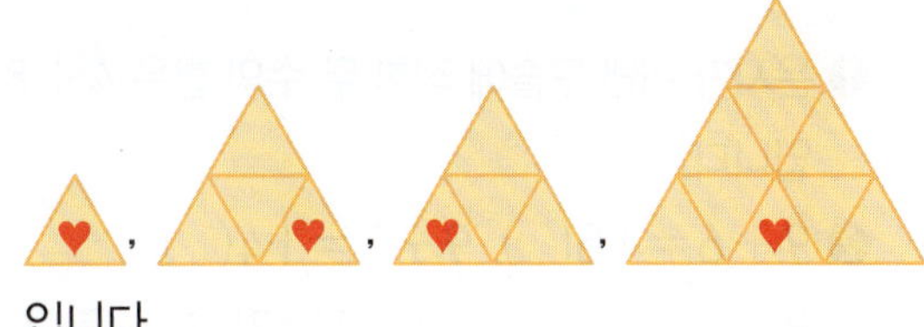

입니다.

❷ 모두 4개입니다.

유형 변형하기 23~24쪽

2 5, 7
3 4
4 9, 6 / 9, 5
5 9개
6 7장
7 하은

1

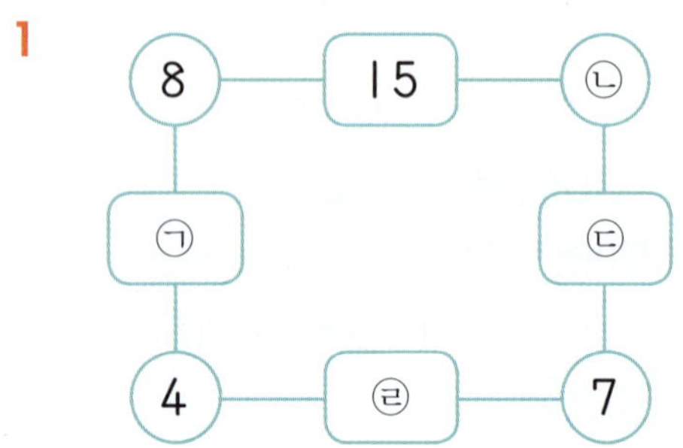

❶ $8+4=㉠ \Rightarrow ㉠=12$
❷ $8+㉡=15, 15-8=㉡ \Rightarrow ㉡=7$
❸ $㉡+7=㉢$에서 $㉡=7$이므로 $7+7=㉢$
   $\Rightarrow ㉢=14$
❹ $4+7=㉣ \Rightarrow ㉣=11$

2 ❶ $5+7=12, 9+3=12$이므로 합이 12가 되는 두 수는 5와 7, 9와 3입니다.
❷ ❶에서 구한 두 수의 차는 $7-5=2, 9-3=6$이므로 고른 두 수 카드에 적힌 수는 5와 7입니다.

3 ❶ $6+6=12$이므로 ★$=12$
❷ $12-3=▲+5, 9=▲+5, ▲=9-5$
   $\Rightarrow ▲=4$

4 ❶ 은지가 꺼낸 구슬에 적힌 두 수의 합은 $4+8=12$입니다.
❷ $9+6=15(○), 9+5=14(○),$
   $9+3=12(×)$이므로 지수가 꺼낸 두 구슬의 수는 9와 6 또는 9와 5입니다.

5 ❶ $11-8=3, 5+8=13$
❷ ◻ 안에는 3보다 크고 13보다 작은 수가 들어갈 수 있습니다.
   ◻ 안에 들어갈 수 있는 수는 4, 5, 6, ..., 12이므로 모두 9개입니다.

6 ❶ (선화가 가지고 있는 색종이 수)$=6+9=15$(장)
❷ 선화와 민석이가 가지고 있는 색종이 수는 같으므로 민석이의 파란색 색종이 수를 ◻장이라 하면 민석이가 가지고 있는 색종이 수는
   $8+◻=15$(장)입니다.
   $\Rightarrow 8+7=15$이므로 $◻=7$

7 ❶ 지석이가 얻은 점수: $8+6=14$(점)
   하은이가 얻은 점수: $7+6=13$(점)
   우현이가 얻은 점수: $9+7=16$(점)
❷ $13<14<16$이므로
   점수의 합이 가장 낮은 사람은 하은입니다.

실전 적용하기 25~28쪽

1

2 8
3 9
4 5개
5 15개
6 9
7 7개
8 은혁
9 8
10 14

1

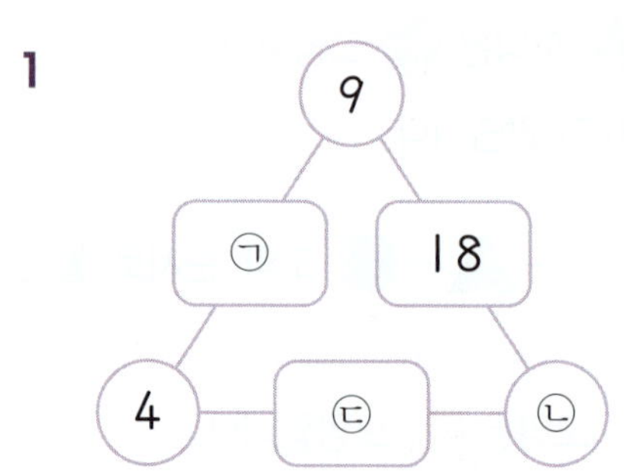

① $9+4=㉠ \Rightarrow ㉠=13$
② $9+㉡=18$, $18-9=㉡ \Rightarrow ㉡=9$
③ $4+㉡=㉢$에서 $㉡=9$이므로 $4+9=㉢$
$\Rightarrow ㉢=13$

2 ① $17-8=9 \Rightarrow \square < 9$
② $\square$ 안에 들어갈 수 있는 수는 9보다 작은 수이어야 하므로 8, 7, 6, …이고 이 중에서 가장 큰 수는 8입니다.

3 ① $\blacklozenge-7=9$에서 $\blacklozenge=9+7$이므로 $\blacklozenge=16$
② $5+\heartsuit=12$에서 $\heartsuit=12-5$이므로 $\heartsuit=7$
③ $\blacklozenge-\heartsuit=16-7=9$

4 ① 딸기 수 12에서 먹은 수 7을 빼면 남은 딸기 수가 됩니다.
② (남은 딸기 수)$=12-7=5$(개)

5 ① 도영이와 진아가 분리배출한 깡통 수를 더하면 전체 수가 됩니다.
② (분리배출한 깡통 수의 합)$=7+8=15$(개)

6 ① 나리가 꺼낸 구슬에 적힌 두 수의 합은 $6+7=13$입니다.
② $5+8=13(\times)$, $5+9=14(\bigcirc)$이므로 혜은이는 9가 적힌 구슬을 꺼내야 합니다.

7 ① (서지가 먹은 떡 수)$=5+8=13$(개)
② 서지와 예찬이가 먹은 떡 수는 같으므로 예찬이가 먹은 송편 수를 $\square$개라 하면 예찬이가 먹은 떡 수는 $6+\square=13$(개)입니다.
$\Rightarrow 6+\square=13$이므로 $\square=13-6$, $\square=7$

8 ① 슬기가 만든 딱지 수: $9+6=15$(장)
② 은혁이가 만든 딱지 수: $8+8=16$(장)
③ $16 > 15$이므로 딱지 수가 더 많은 사람은 은혁입니다.

9 ① 수 카드 3장을 골라 만들 수 있는 뺄셈식은 $8-3=5$, $8-5=3$, $14-8=6$, $14-6=8$입니다.
② ①에서 만든 뺄셈식 중 차가 가장 클 때는 $14-6=8$입니다.

10 ① $8+8=16$이므로 ●$=16$
② $16-9=7$이므로 ■$=7$
③ $7+7=14$이므로 ★$=14$

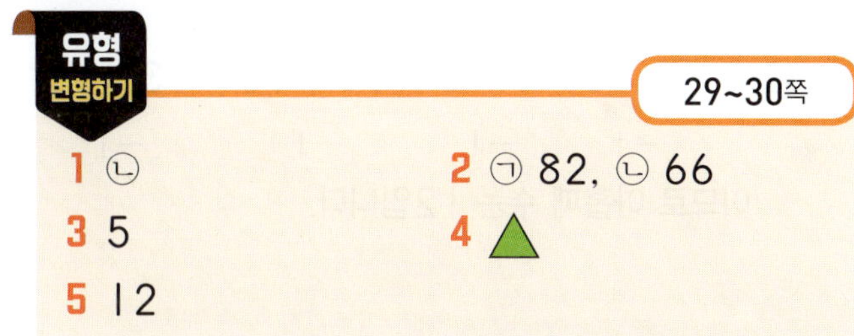

5 규칙 찾기

유형 변형하기 29~30쪽

1 ㉡	**2** ㉠ 82, ㉡ 66
3 5	**4** △
5 12	

1 ① 비행기, 자동차, 자동차가 반복되는 규칙입니다.
② 비행기는 ○, 자동차는 △로 나타내면 ○, △, △가 반복됩니다.
비행기는 0, 자동차는 1로 나타내면 0, 1, 1이 반복됩니다.
③ 규칙에 따라 바르게 나타낸 것은 ㉡입니다.

2 ① 86에서 3번 뛰어 세어 74가 되었으므로 12만큼 작아졌습니다.
② 4씩 작아지는 규칙입니다.
③ $86-82-78-74-70-66$이므로 $㉠=82$, $㉡=66$입니다.

3 ① ← 방향으로 1씩 작아지므로 $52-51-50$입니다. $\Rightarrow ㉠=50$
② ↓ 방향으로 7씩 커지므로 $41-48-55$입니다. $\Rightarrow ㉡=55$
③ 50은 55보다 5만큼 더 작은 수이므로 두 수의 차는 5입니다.

4 ① 모양은 △, △, ▽가 반복되는 규칙입니다.
$\Rightarrow$ 빈칸에 알맞은 모양: △
② 색깔은 연두색, 보라색, 보라색이 반복되는 규칙입니다.
$\Rightarrow$ 빈칸에 알맞은 색깔: 연두색
③ 빈칸에 알맞은 것은 ▲입니다.

5 ❶ 3씩 커지고, 1씩 작아지는 규칙으로 수를 늘어놓았습니다.

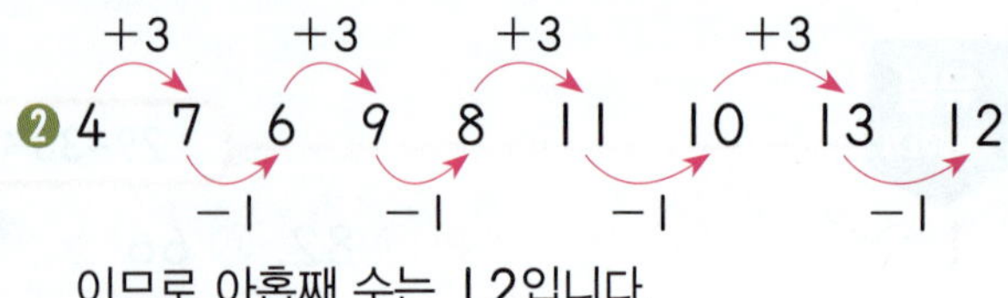

이므로 아홉째 수는 12입니다.

1 1, 0, 1, 0, 1, 0, 1, 0
2 예 43부터 시작하여 4씩 커지는 규칙입니다.
/ 풀이 참조
3 62
4 ㉡
5 47
6 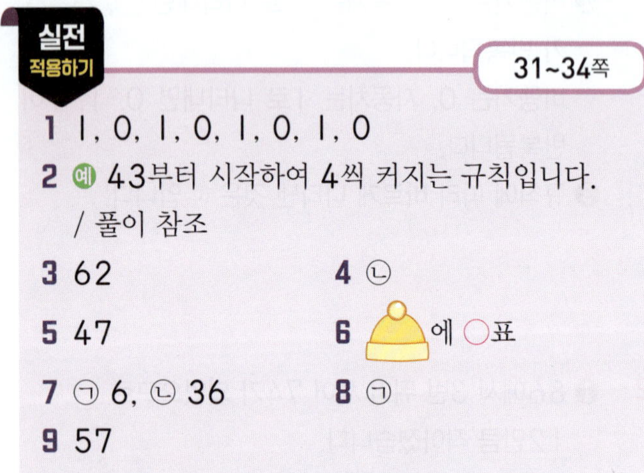에 ○표
7 ㉠ 6, ㉡ 36
8 ㉠
9 57

1 ❶ 토끼, 거북이 반복되는 규칙입니다.
❷ 1, 0이 반복되는 규칙입니다.

2

42	43	44	45	46	47	48
49	50	51	52	53	54	55
56	57	58	59	60	61	62
63	64	65	66	67	68	69

❶ 색칠한 수는 43, 47, 51, 55이므로 43부터 시작하여 4씩 커지는 규칙입니다.
❷ 55에서 4씩 커지는 수인 59, 63, 67에 색칠합니다.

3 ❶ 9씩 커지는 규칙으로 수를 늘어놓았습니다.
❷ 44−53−62이므로 여섯째 수는 62입니다.

4 ❶ 곰, 로봇, 로봇이 반복되는 규칙입니다.
❷ 곰을 2, 로봇을 3으로 나타내면 2, 3, 3이 반복되고 곰을 1, 로봇을 2로 나타내면 1, 2, 2가 반복됩니다.
❸ 규칙에 따라 수로 바르게 나타낸 것은 ㉡입니다.

5

24	25		27		㉠	
33	34					
42	43				★	

❶ 24부터 시작하여 → 방향으로 1씩 커지므로 ㉠=29입니다.
❷ 29부터 시작하여 ↓ 방향으로 9씩 커지므로 29−38−47입니다.
➪ ★=47

6 ❶ 모양은 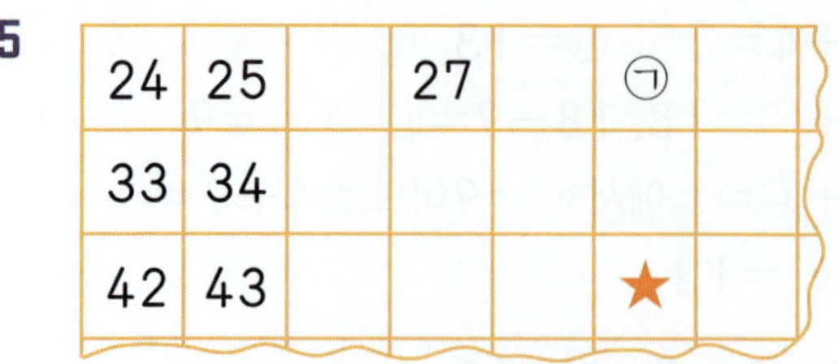가 반복되는 규칙입니다.

➪ 빈칸에 알맞은 모양:

❷ 색깔은 하늘색, 노란색, 하늘색이 반복되는 규칙입니다.
➪ 빈칸에 알맞은 색깔: 노란색

❸ 빈칸에 알맞은 것은   입니다.

7 ❶ 6씩 뛰어 센 것이므로 ㉠은 12보다 6만큼 더 작은 수이므로 6입니다.
❷ 24에서 6씩 뛰어 세면 24−30−36이므로 ㉡=36입니다.

8 ❶ ㉠: 6씩 작아지는 규칙으로 수를 늘어놓았습니다.
➪ 45−39−33−27−21−15이므로 아홉째 수는 15입니다.
❷ ㉡: 3씩 작아지는 규칙으로 수를 늘어놓았습니다.
➪ 29−26−23−20−17−14이므로 아홉째 수는 14입니다.
❸ 15>14이므로 ㉠이 더 큽니다.

9 ❶ ╱ 방향으로 9씩 커집니다.
❷ 30부터 시작하여 ╱ 방향으로 9씩 커지므로 30−39−48−57입니다.
➪ ♥=57

유형 변형하기 35~36쪽

1 25	**2** 8
3 93	**4** 12살
5 78장	**6** ■ 45, ★ 59
7 23	

1 ❶ 덧셈식에서 낱개끼리의 계산:
$7 + ■ = 9 ⇨ 7 + 2 = 9$이므로 $■ = 2$
❷ 덧셈식에서 10개씩 묶음끼리의 계산:
$● + 2 = 6 ⇨ 4 + 2 = 6$이므로 $● = 4$
❸ $47 - 22 = 25$

2 ❶ 오른쪽 식을 계산: $23 + 16 = 39$
❷ $48 - ☐ > 39$에서 ☐ 안에 들어갈 수 있는 수:
$0, 1, 2, …, 7, 8$
❸ ❷에서 구한 수 중 가장 큰 수는 8입니다.

3 ❶ 수 카드의 수의 크기 비교: $6 > 3 > 2 > 1$
(몇십몇)+(몇십몇)의 계산 결과가 가장 크려면
6과 3을 각각 10개씩 묶음의 자리에 놓아야 합
니다. ⇨ $6☐ + 3☐$
❷ 남은 수 1, 2를 낱개의 자리에 놓습니다.
⇨ $61 + 32$ 또는 $62 + 31$
❸ $61 + 32 = 93$ 또는 $62 + 31 = 93 ⇨ 93$

4 ❶ (어머니의 나이)=(아버지의 나이)$- 4$
$= 56 - 4 = 52$(살)
❷ (지수의 나이)=(어머니의 나이)$- 40$
$= 52 - 40 = 12$(살)

5 ❶ 형주가 사용하고 친구에게 준 색종이 수의 합은
$23 + 14 = 37$(장)입니다.
❷ 형주가 처음에 가지고 있던 색종이의 수를 ☐장이라
하면 $☐ - 37 = 41$(장)
❸ $41 + 37 = ☐, ☐ = 78$
⇨ 형주가 처음에 가지고 있던 색종이는 78장입
니다.

6 ❶ $▲ + ▲ = 24$
⇨ $12 + 12 = 24$이므로 $▲ = 12$
❷ $■ + ▲ = 57$이므로 $■ + 12 = 57$
⇨ $57 - 12 = ■, ■ = 45$
❸ $★ - ■ = 14$이므로 $★ - 45 = 14$
⇨ $14 + 45 = ★, ★ = 59$

7 ❶ 낱개의 수끼리의 합이 3이 되는 두 수를 찾으면
33과 20, 20과 23입니다.
⇨ $33 + 20 = 53, 20 + 23 = 43$
⇨ 합이 43이 되는 두 수: 20, 23
❷ 낱개의 수끼리의 차가 1이 되는 두 수를 찾으면
33과 34, 23과 34, 55와 34입니다.
⇨ $34 - 33 = 1, 34 - 23 = 11,$
$55 - 34 = 21$
⇨ 차가 11이 되는 두 수: 23, 34
❸ ❶과 ❷에서 같은 수는 23입니다.

실전 적용하기 37~40쪽

1 ㉠ 6, ㉡ 5	**2** 1, 2, 3, 4
3 36장	**4** 42, 34
5 97	**6** 45
7 2개	**8** 99
9 39	**10** 2개

1

$$\begin{array}{ccc} & ㉠ & 9 \\ - & 4 & ㉡ \\ \hline & 2 & 4 \end{array}$$

❶ 낱개끼리의 계산:
$9 - ㉡ = 4 ⇨ 9 - 5 = 4$이므로 $㉡ = 5$
❷ 10개씩 묶음끼리의 계산:
$㉠ - 4 = 2 ⇨ 6 - 4 = 2$이므로 $㉠ = 6$

2 ❶ 왼쪽 식을 계산: $97 - 45 = 52$
❷ $52 > ☐7$에서 ☐ 안에 들어갈 수 있는 수:
$1, 2, 3, 4$

3 ❶ (혜진이가 가지고 있는 딱지의 수)
   =(예지가 가지고 있는 딱지의 수)−5
   =27−5=22(장)
❷ (성호가 가지고 있는 딱지의 수)
   =(혜진이가 가지고 있는 딱지의 수)+14
   =22+14=36(장)

4 ❶ 낱개의 수끼리의 합이 6이 되는 두 수를 찾으면
   41과 25, 42와 34입니다.
❷ 41+25=66, 42+34=76
   ⇨ 합이 76이 되는 두 수: 42, 34

5 ❶ 수 카드의 수의 크기 비교: 7>4>3>2
   가장 큰 몇십몇: 74
   두 번째로 큰 몇십몇: 73
❷ 가장 작은 몇십몇: 23
   두 번째로 작은 몇십몇: 24
❸ (두 번째로 큰 수)+(두 번째로 작은 수)
   =73+24=97

6 ❶ 13+21=■ ⇨ ■=34
❷ ■+●=79이므로 34+●=79
   ⇨ 79−34=●, ●=45

7 ❶ 오른쪽 식을 계산: 34+22=56
❷ 59−□>56에서 □ 안에 들어갈 수 있는 수:
   1, 2 ⇨ 2개

8 ❶ 어떤 수를 □라 하면 잘못 계산한 식은
   □−42=15
❷ 15+42=□, □=57
❸ 바르게 계산하면 57+42=99

9 ❶ 수 카드의 수의 크기 비교: 5>4>2>1
   (몇십몇)+(몇십몇)의 계산 결과가 가장 작으려면
   1과 2를 각각 10개씩 묶음의 자리에 놓아야 합
   니다.
   ⇨ 1□+2□
❷ 남은 수 4, 5를 낱개의 자리에 놓습니다.
   ⇨ 14+25 또는 15+24
❸ 14+25=39 또는 15+24=39
   ⇨ 39

> **참고**
> (몇십몇)+(몇십몇)의 계산 결과가 가장 작으려면
> 10개씩 묶음의 자리에 작은 수를 놓아야 합니다.

10 ❶ 낱개의 수끼리의 차가 4가 되는 두 수를 찾으면
   30과 54, 41과 55, 51과 55, 55와 69입
   니다.
❷ 54−30=24, 55−41=14,
   55−51=4, 69−55=14
❸ 두 수의 차가 14가 되는 뺄셈식은 모두 2개입니
   다.

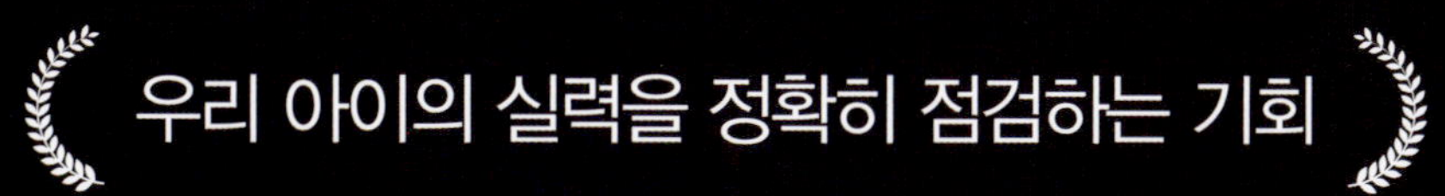
우리 아이의 실력을 정확히 점검하는 기회

40년의 역사
전국 초·중학생 213만 명의 선택

HME 학력평가
해법수학 · 해법국어

응시 학년   수학 ｜ 초등 1학년 ～ 중학 3학년
           국어 ｜ 초등 1학년 ～ 초등 6학년

응시 횟수   수학 ｜ 연 2회 (6월 / 11월)
           국어 ｜ 연 1회 (11월)

주최 천재교육 ｜ 주관 한국학력평가 인증연구소 ｜ 후원 서울교육대학교

*응시 날짜는 변동될 수 있으며, 더 자세한 내용은 HME 홈페이지에서 확인 바랍니다.

정답은
이안에
있어!

최고수준S

배움으로 행복한 내일을 꿈꾸는
천재교육 커뮤니티 안내 . . .

 교재 안내부터 구매까지 한 번에!
천재교육 홈페이지

자사가 발행하는 참고서, 교과서에 대한 소개는 물론
도서 구매도 할 수 있습니다. 회원에게 지급되는 별을 모아
다양한 상품 응모에도 도전해 보세요!

 다양한 교육 꿀팁에 깜짝 이벤트는 덤!
천재교육 인스타그램

천재교육의 새롭고 중요한 소식을 가장 먼저 접하고 싶다면?
천재교육 인스타그램 팔로우가 필수!
깜짝 이벤트도 수시로 진행되니 놓치지 마세요!

 수업이 편리해지는
천재교육 ACA 사이트

오직 선생님만을 위한, 천재교육 모든 교재에 대한 정보가 담긴
아카 사이트에서는 다양한 수업자료 및 부가 자료는 물론
시험 출제에 필요한 문제도 다운로드하실 수 있습니다.

https://aca.chunjae.co.kr

 천재교육을 사랑하는 샘들의 모임
천사샘

학원 강사, 공부방 선생님이시라면 누구나 가입할 수 있는 천사샘!
교재 개발 및 평가를 통해 교재 검토진으로 참여할 수 있는 기회는 물론
다양한 교사용 교재 증정 이벤트가 선생님을 기다립니다.

 아이와 함께 성장하는 학부모들의 모임공간
튠맘 학습연구소

튠맘 학습연구소는 초·중등 학부모를 대상으로 다양한 이벤트와 함께
교재 리뷰 및 학습 정보를 제공하는 네이버 카페입니다.
초등학생, 중학생 자녀를 둔 학부모님이라면 튠맘 학습연구소로 오세요!